2～9歲五感潛能開發遊戲書

玩出孩子大能力

暢銷增訂版

金姝延 ─ 著　魏汝安 ─ 譯

吸管、免洗杯、牛奶盒，
簡單材料就能做出
74個親子創意遊戲！

用簡單材料，
做出親子互動的
創意遊戲！

　　即使育兒之路再遙遠，也都有結束的時候，特別是大兒子上了小學之後，我的空閒時間突然多了起來，每一次回想起我過去的育兒方式，總有著許多後悔與迷戀。我也曾經是個每天拿著育兒書，積極地想把孩子培養成像書中孩子般的菜鳥新手媽媽，許多事情我不知道該怎麼做，而網路上資訊又過多，我分不清楚哪個是對、哪個是錯。

　　「別人都可以做得那麼好，不可能只有我不行吧……」帶著這種鬱悶的心情，展開了我的育兒之路，我曾經以為買昂貴的書籍及教具、去圖書館或是請家教來教孩子，就能解決我憂慮的內心。但是某一天，我想起了我年幼某個幸福的瞬間，如果我用那個時候能讓我感到幸福的方式，來對待我的孩子，那我的孩子現在也會感到很幸福吧？我記得那個時候，我常蹲在地上堆沙土、在小路上跑來跑去，玩捉迷藏、摘野草莓、拔木槐、摘樹葉，甚至用三葉草做手環呢！種種的回憶，依稀浮現在我腦中，事後我才了解到，在我記憶中最幸福的是我親手摸到、感受到的種種。

　　所以我想讓孩子自己去感受各式各樣的東西，去探索這個世界，雖然一開始並沒有想像中的那麼容易，因為媽媽想要保護好孩子的那份心情，總是會率先出現在腦海裡，我很難讓孩子自己自由自在地去探索。例如當孩子踩到落葉的同時，「是不是會發出啪撒啪撒的聲音？」剛開始我會先自動的說出結果，這種事很常發生。但是經過幾次遊戲之後，我開始會改問孩子「是發出什麼樣的聲音呢？」，以這種激勵式的問題去問孩子。

　　我始終相信，「與其抓魚給他，倒不如教會他抓魚的方法！」孩子們在遊戲中能夠獲得的東西，是媽媽的愛，還有探索自我、觀察以及感受，我們必須以孩子自己主動學習為導向。花一點時間陪孩子吧！現在就開始，利用簡單的道具，和孩子一起動手做遊戲教具，就能激發孩子的無限潛能！

　　這本書結合了STEAM教育，讓家長們能將遊戲和教育一起做結合，培養並激發孩子的多項重要能力。雖然這不是一本編排華麗的書，但卻是一本能夠讓孩子親自製作道具和遊戲、能實際自由表達的書籍，我希望能透過這本書，讓父母愉快地和孩子們一同玩樂，希望這本書能夠幫助到想要更加走入孩子世界的父母們。

本書作者　金姝延

STEAM教育就是
讓孩子動手學習，
開心自由地啟發自我！

　　不知道大家有聽過「STEAM」嗎？STEAM教育是以科學技術素養為基礎，連結人文學或藝術等多方面學習，讓幼兒或學生們能夠從生活中，親自活用的生活化教育方式，透過這種教育能夠啟發自身對學習的興趣，並能愉快自由的學習。STEAM的教育理念，就是希望讓孩子藉由實際動手操作，學習並體會到，該如何運用工具和適當的能力，來解決現實世界中遇到的所有問題。

　　STEAM的教育核心，就是希望讓孩子以五感去體驗，主動產生興趣藉以達到學習的目的，可惜的是以往我們總是以死背、死記的填鴨式教育在學習，該怎麼讓孩子結合遊戲與教育，達到培育並開發潛能的目的？因此我利用了簡單隨手可得的道具，融和STEAM教育的概念，希望能培育出能夠融合多樣化的知識來創造出新價值的人才！

　　雖然STEAM教育是未來的教育趨勢，但是許多父母卻不知道該如何開始，也不知道該令孩子做些什麼？甚至有時候還想問，為什麼鄰居家的小孩不只數學好，還沉浸在科學裡面而樂此不疲呢？其實這都是因為孩子從出生成長的時候，就有著充實的生活科學遊戲所導致的結果。

　　這也是我寫這本書、自製「媽媽牌遊戲」的用意，希望父母從孩子年幼的時候開始，就利用遊戲和其他教育去刺激，將技術和生活中的數學和科學接軌，讓孩子愉快享受遊戲的過程中，也能自身體驗數學和科學的原理！

什麼是STEAM教育？培育創客（Maker），
動手做、真學習，提升孩子五感潛能開發！
STEAM教育就是讓孩子自己動手，完成他們感興趣的事物，
讓孩子在跨學科的領域中學習，動手做並發揮自己的想法。
學習的過程不是為了成績，而是實現想法與交流。

　　STEAM教育能啟發孩子的潛能，這和我自製的媽媽牌遊戲，性質是相同的。美國在1990年代開始，將Science（科學）、Technology（技術）、Egineering（工程）、Maths（數學），通通稱作為「STEM」。接著在2006年，美國佛吉尼亞技術教育協會長，喬治·雅克曼，提出在STEM裡加入藝術（ART）的概念，即變成STEAM，也就演變成現今社會所強調的實踐型STEAM教育，STEAM教育是跨學科領域的學習，希望讓孩子能夠學習多方面的統合性知識。

　　STEAM教育上最重要的一點，是代表傳統教育理念的轉型，因為它更注重學習的過程而不是結果，利用這樣跨學科的學習，將創意轉化後就會誕生創客（Maker），創客指的就是利用各種技術與知識，將創意轉變為現實的人。父母更是孩子STEAM教育上的推手，假如父母時常去問孩子的想法是什麼，便能夠激勵孩子們多樣性的表達方式，還有自身解決問題的能力。父母對孩子來說，是能輔助他們透過遊戲，獲得多元知識和廣闊視野的角色，從今天起就利用簡單道具，做出與STEAM結合的各式親子創意遊戲吧！

CONTENTS

PROLOGUE　用簡單材料，做出親子互動的創意遊戲！

INTRO　　STEAM教育就是讓孩子動手學習，開心自由地啟發自我！

PART1 透過基礎遊戲，讀懂孩子的心思！

PART2 培養觀察及學習力，讓孩子盡情展現創意吧！

PART4 培育正確觀念，讓孩子在世界展翅翱翔吧！

傳授孩子33種必備能力！媽媽的育兒筆記

　　這本書是以我的孩子成長過程中，我想讓他們學習的33種能力為基礎來設計的遊戲，身為作者兼媽媽的我，在生活中將所感受到、體驗到的事項，以隨筆的方式來編寫成書。第1部分為「信任」、「勇氣」、「自我反省」等來讀懂孩子的內心，第2部分則是以「觀察力」、「思考力」、「領悟」等來發展孩子的思想為主題，第3部分則是以「愛」、「家人」、「糾葛」等進行家庭關係的思考，第4部分則是以「平等」、「大自然」、「正義」等，導正孩子正確的觀念。我希望這本書能讓家長輕鬆愉快地陪伴孩子成長，讓孩子透過遊戲學習各種必備能力，讓他們可以在世界中展翅翱翔。

透過簡單材料，結合STEAM教學做出創意遊戲

　　這本書的遊戲，是從我部落格裡面精選出來而集結成冊，想要傳授給讀者新的感動和溫暖。希望能利用這隨筆形式的74個媽媽牌遊戲，體驗數學、科學等STEAM教育原理，有助於開創孩子自身潛能以及吸收多方面的知識，培養成跨領域的創意型人才。

遊戲所需要的材料、難易
度，還有適合年齡。

遊戲製作介紹

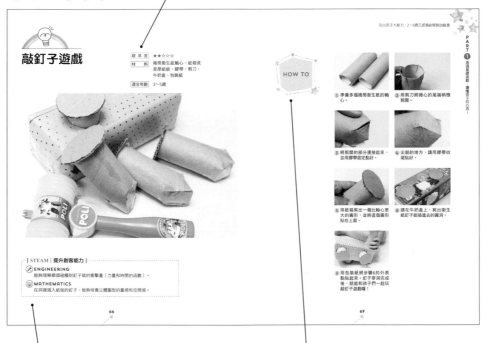

玩出孩子大腦力：2～6歲五感體驗開發訓戲書

PART ❶ 透過基礎遊戲，讓優況子的○感！

敲釘子遊戲

難 易 度	★★☆☆☆
材　料	捲筒衛生紙軸心、紙箱或是厚紙板、膠帶、剪刀、牛奶盒、包裝紙
適合年齡	3～5歲

HOW TO

① 準備多個捲筒衛生紙的軸心。

② 用剪刀將捲心的尾端稍微剪開。

③ 將剪開的部分連接起來，並用膠帶固定點好。

④ 尖銳的地方，請用膠帶收尾貼好。

⑤ 用紙箱剪出一個比軸心更大的圓形，並將這個圓形貼在上面。

⑥ 請在牛奶盒上，剪出衛生紙釘子能插進去的圓洞。

⑦ 用包裝紙將步驟6的外表點貼起來。釘子穿出洞完成後，就能和孩子們一起玩敲釘子遊戲囉！

| STEAM | 提升創客能力 |

⚙ ENGINEERING
能夠理解膠頭碰觸到釘子頭的衝擊量（力量和時間的函數）。

📐 MATHEMATICS
在洞裡插入紙做的釘子，能夠培養立體圖型的量感和空間感。

66

67

透過簡單的遊戲，就能結合科學、藝術，學習多方面的知識，這就是融合了STEAM教育的宗旨來延伸的。

遊戲教具的製作步驟，也可以發揮巧思稍微改變一下裝飾或圖案。

將隨手可得的材料回收再利用，就能變身有趣的教具！

牛奶盒

能製作多樣化的鉛筆盒、存錢筒、車子、保險箱等。

捲筒衛生紙軸心

能製作成印章、望遠鏡、禮品包裝盒等。

空瓶／飲料塑膠瓶

能製作成筆筒、花盆。

長型空盒子

平時就將餅乾盒、紙箱等收集起來，這種盒子有多功能用途。

超市傳單／報紙（免費紙張）

能運用在賓果遊戲（本書P92）或市場遊戲（本書P90）等。

冰淇淋杯

能製作筆筒、娃娃、存錢筒、印章遊戲等。

水果包裝紙（海綿緩衝紙）

搭配裝飾材料後，能製作娃娃、稻草人、丟球遊戲等。

雞蛋盒（家電製品包裝紙）

能製作成蟲蟲、怪獸、鋼鐵人等的實用材料。

舊的／單隻的襪子

用裝飾材料裝飾，就能變身為配對、釣魚等有趣遊戲的材料。

美術遊戲中，不可或缺的實用材料！

色紙

顏色和紙質的種類建議越多越好。

塑膠球

可運用在娃娃製作、雕刻製作的裝飾材料等。

眼睛裝飾、表情貼紙

可以用來製作娃娃工藝的手工材料。

魔鬼氈

一面為粗粗的，一面是毛毛的，可以貼上去又撕下來的材料。

毛線

能夠自由地變粗變彎，發揮創意與巧思自由的變換。

熱熔膠槍

製作教具時需經常黏貼材料，就必須使用到這個，但因為是電器產品所以要小心使用。

★**其他：**圖畫本、電池、吸管、海綿、黏土、捏麵人、天使黏土、紙杯、免洗紙盤、彩色鉛筆、剪刀、粉蠟筆、顏料、膠水、油性麥克筆、毛筆、油性蠟筆、保麗龍、貼紙磁鐵、紙膠帶、護貝機、護貝膠膜、塑膠手套等。

結合STEAM教育，發揮創意的實用教具商品！

makedo 美度扣 **澳洲DIY創意教具**

將紙箱、包裝材料、寶特瓶等一般所認知的回收品，注入新價值，重新詮釋它們的定義，創造出各種重新使用的可能。讓孩子利用這些素材手作的過程中，自然培養創造力、問題解決力與建立環保回收概念！

★**官方網站：**http://makedo.com.tw/

Melissa & Doug 美國瑪莉莎 **美國第一大幼教品牌**

Melissa & Doug是美國第一大幼教品牌，所生產的玩具專注於多元設計、適齡開發，透過各種認知配對、學習拼字、記憶觀察、扮演表達、親子同樂等遊戲，促進孩子感統發展及學習能力！

★**官方網站：**http://melissaanddoug.com.tw/

PART 1

透過基礎遊戲，
讀懂孩子的心思！

信任

媽媽的信任，
會成為孩子的力量！

▲▽▲

我相信在充滿祝福下所誕生的孩子，都會平安的長大。
但是當媽媽們齊聚一堂的時候，就會開始相互比較孩子們的成長過程。
當自己的孩子要是比其他孩子發展較快，媽媽的嘴角就會不自覺上揚。
若是自己的孩子比其他孩子發展得慢，
就有「是不是我的孩子有問題？」隨之而來的不安感。

▲▽▲

　　我常帶著孩子參加媽媽們的聚會，我的大兒子－在
賢，因為有著圓滾滾的身軀，媽媽們還給他取了個「大
胃王在賢」的外號。有的媽媽還跟我說：「因為在賢很
愛吃，要是把爆米香灑在榻榻米上，他應該也會撿起來
吃吧！」這些媽媽開著這樣的玩笑，雖然沒有惡意，但
其實我的內心聽了不太舒服。

　　在賢一直到了4歲都還不會說話。
　　「奇怪了？媽媽說的話都聽得懂，但為什麼
就是不說話呢？」很多人都會這樣問我。
　　那個時候我看了許多的育兒書，也上網看了
很多資料，發現他跟其他小孩的發育狀態相比，
慢了很多。但是我內心相信他不是不會說話，只
是現在還不想說話而已，但這會不會是身為媽媽
的我，只是不想承認我的孩子不會說話而已呢？

我內心相信他不是不會說話，只是現在還不想說話而已，但這會不會是身為媽媽的我，只是不想承認我的孩子不會說話而已呢？

每次我帶在賢去上課的時候，因為他不會說話的關係，常常被其他孩子欺負或是搶走物品。對許多人來說，他們覺得在賢是一個問題兒童，不過這世上會相信孩子的人就只有媽媽，所以即便只有我一個，我也想要站在兒子這邊。

「沒錯，我決定了！」我是真心地相信我的孩子，我要讓孩子看到媽媽的信任，於是下定決心要當個「多話」的媽媽。我常常帶著孩子散步時，邊走路就邊說周遭的景觀，例如紅綠燈亮時說出變換的顏色、看到停放的車輛時就會讀車牌號碼，就這樣我成為了一個多話的媽媽，一直牽著孩子的手觀察周遭，嘴巴很少停下來。

持續這樣半年左右，大約在賢4歲快5歲的時候，他終於開始會用言語表達了！雖然只是幾個簡單的單字和不自然的句子，但因為是孩子親口說出來的，光看到這樣的景象，還是讓我不禁落淚。「原來在賢他不是不會說話，只是目前還不太會說而已！」我相信這是媽媽的信任奏效了。

現在的在賢，學習英文、中文、漢字等來得比其他孩子還要快速呢！真想大聲地對那些曾經無視過他、開他玩笑的媽媽們說：**「媽媽就是要無條件信任孩子，這樣才能帶給孩子力量呀！」**因為這個事情，也讓我更覺得媽媽信任孩子的重要性，也是我決定以遊戲來開啟孩子各項學習能力的重要契機。

表情遊戲

難易度	★★★☆☆
材　　料	不織布、魔鬼氈、牛奶盒、紙箱或是紙卡、熱熔膠槍、剪刀、鈕扣與針線
適合年齡	3～7歲

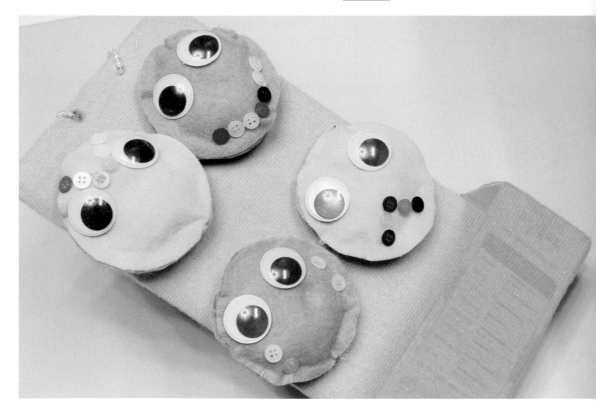

| STEAM | 提升創客能力 |

ART
因為孩子還不太會言語表達，這個可以幫助孩子用表情來傳達自身的情感，根據活用程度可提升想像力與創意力。

MATHEMATICS
透過具體操作，能夠更加理解圓（小學2、3年級）和對稱形狀（5年級）。

HOW TO

① 準備紙箱或是紙卡等較厚的紙。

② 將牛奶盒洗淨晾乾，並切開如圖片所示的樣子後，將外圍貼上不織布。

③ 用不織布將紙板包覆起來後，在上方部分穿孔綁繩，並與步驟2的牛奶盒貼起來。

④ 將不織布剪成圓形，裡面塞進棉花後，用熱熔膠槍將邊邊黏合。

⑤ 協助孩子縫上鈕扣來裝飾臉部表情。

⑥ 在臉部表情的背面貼上魔鬼氈。

NOTE

請家長與孩子一起玩成表情遊戲，較危險的切割剪裁、熱熔膠槍黏貼、縫紉等動作由家長來完成。

⑦ 和孩子一起，跟著不織布製作的臉部表情玩具，一起做表情吧！

⑧ 表情遊戲完成囉！

牛奶盒
字母遊戲

難易度	★★★☆☆
材　料	牛奶盒、剪刀、鈴噹、字母卡片
適合年齡	3～7歲

| STEAM | 提升創客能力 |

ART
能夠自然熟悉字母（可自製ABC或ㄅㄆㄇ），這種方塊遊戲也能夠強化手指和手的能力，以及眼睛的協調性。

MATHEMATICS
透過堆疊遊戲，除了能夠感受到立體形狀（正六面體）之外，還有助於培養空間感。

HOW TO

① 準備數個牛奶盒，清洗後晾乾。

② 在乾燥後的牛奶盒裡，放入兩個鈴鐺。

③ 把牛奶盒貼起來，做成骰子的模樣。

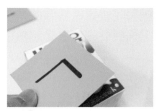

④ 將做好的字母卡片，貼在牛奶盒上。

⑤ 請在每一面的牛奶盒上，都貼上字母卡片。

⑥ 牛奶字母盒完成囉！

⑦ 一起和孩子玩牛奶字母盒遊戲吧！

⑧ 活用字母教具，請孩子大聲唸出拼出來的字母（可自製ABC或ㄅㄆㄇ字母教具）。

NOTE

本文中是以韓文字母來示範，家長可自製ABC或ㄅㄆㄇ字母教具讓孩子練習。

當孩子害怕嘗試，
適時引導給予勇氣！

我的孩子初次接觸水彩時，他的表情看起來不是很開心，甚至有點恐懼感。
我相信不管是誰，都會有初次體驗的恐懼感，
這個時候媽媽扮演的角色，就是要幫助孩子戰勝恐懼感，
因為只有媽媽最了解孩子的個性，必須找到引發孩子們好奇心的方法。

　　我的孩子似乎不喜歡摸到水彩的那種觸感，當他初次摸到水彩時的表情並不是很開心，甚至開始對水彩遊戲有些排斥。為了孩子們的遊戲，我一直都很認真準備材料，並期待與孩子們玩樂的時間，但當孩子們表現出不以為然的表情時，我該怎麼做呢？我只給自己3秒的思考時間，「要不就別玩水彩了？」、「但是連玩都沒玩，就因害怕而放棄不是很可惜嗎？」、「要怎樣孩子們才能喜歡上水彩呢？」等等的問題，如同風暴般的苦惱在我腦中襲捲而來。沒錯！我必須找出孩子們能跟水彩當好朋友的方法，因為實在不想要辛辛苦苦準備好的水彩遊戲，孩子卻連玩都不敢嘗試而收起來呀！

　　我發現孩子似乎是不喜歡手摸到水彩的觸感，所以我決定以視覺為走向，讓他們看到水彩的繽紛感。紅色和藍色混合後，「哇啊！

我給自己3秒的思考時間，
當下要判斷出如何讓孩子
克服心中的恐懼？

就變成紫色了耶！」給他們看到瞬間變色的過程，還有在圖畫紙擠上水彩後，對折再打開「天啊！變成兩邊都是一樣的轉印法耶！」這樣的作法讓孩子們既驚奇，又能刺激他們的視覺方向。

我會用手指頭指著水彩說：「這是綠色、那是藍色，把它們混合在一起看看吧？」不知不覺間，孩子們對水彩的變化開始產生興趣，「哇啊！哇啊！混綠色的話會變成什麼顏色？」孩子們的問題也開始有著積極的轉變，因為一開始孩子們的反應只是問說「混這顏色會變成什麼顏色？」，單純充滿好奇心的問題而已，後來卻能產生更多的興趣。

剛開始孩子們是因為對水彩的觸感懷有恐懼，於是我換個不用手碰觸的水彩遊戲來進行，就可以得到這樣的結果呢！相信不管是誰，都會有初次體驗的恐懼感，而媽媽扮演的角色，就是要能幫助孩子戰勝恐懼感，因為只有媽媽最了解孩子的個性，所以也才能找到引發孩子們好奇心的最佳方法！如果孩子因為初體驗就感到恐懼而放棄玩水彩，或許在他們的成長過程，就感受不到水彩帶來的色彩魅力呢！

這時我想起孔子所說的「**聽過的會忘記、看過的會記得、學過的會應用。**」當孩子們透過親身參與學習，就能接觸到更多事物，因此媽媽必須讓他們克服恐懼，積極地展現勇氣！

水彩印章

難 易 度	★★☆☆☆
材　　料	有握把的甜筒包裝盒、空紙箱、鐵絲絨線（毛根）、熱熔膠槍、水彩、圖畫紙
適合年齡	3～7歲

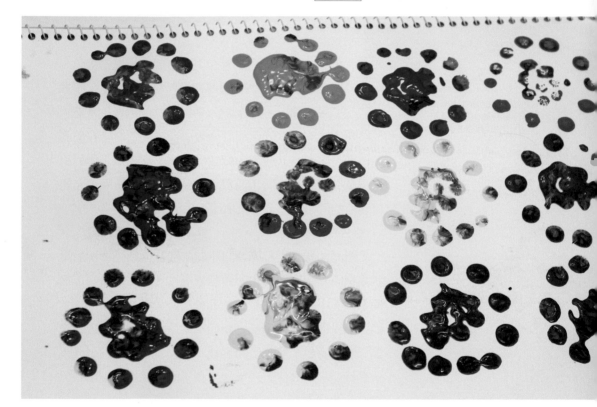

| STEAM | 提升創客能力 |

🎨 **ART**
若小孩子不喜歡水彩的觸感，就可以做這個有手把的水彩印章，既能玩出水彩的樂趣也不易弄髒雙手。

🔢 **MATHEMATICS**
試著找出圖畫裡的規則，例如有幾個圓圈？這樣能夠培養孩子對於數學的基本能力。

HOW TO

① 準備幾個有握把的甜筒包裝盒。

② 將甜筒包裝盒的頂部放在紙箱上，描繪出一個圓並剪下來。

③ 準備好鐵絲絨線（毛根）裝飾材料備用。

④ 將裝飾材料，黏貼在剪下來的圓上。

⑤ 把裝飾好的圓，黏貼在甜筒包裝盒的頂部，就是一個印章了。

⑥ 接著把做好的印章，沾上水彩並蓋在圖畫紙上。

NOTE

鐵絲絨線又可以稱為「毛根」，上網搜尋關鍵字「毛根」即可購得，可以自行折出各種形狀，或自行組合（例如有大圓圈、小圓圈），再請孩子從中找出圖畫裡的規則性。

⑦ 印章畫就完成囉！

軸心印章

難易度	★☆☆☆☆
材　　料	全開圖畫紙（圖畫本）、剪刀、捲筒衛生紙軸、水彩、調色盤
適合年齡	3～7歲

| STEAM | 提升創客能力 |

🎨 **ART**
理解顏色的本質，並認識各種顏色混和的過程。

🔢 **MATHEMATICS**
在剪裁花邊的時候，讓孩子能夠試著活用2或4、3或7的雙數跟單數的規則來製作。

HOW TO

① 打開兩張全開圖畫紙，並貼在地板上。

② 用剪刀將捲筒衛生紙軸心的外圍，剪出各式各樣的大小（可以剪圓角、尖角、方角）。

③ 將步驟2剪開的部分向外折，像花瓣一樣散開。

④ 在調色盤擠上水彩後，將做好形狀的衛生紙軸心沾上水彩。

⑤ 然後蓋在全開的圖畫紙或圖畫本上。

⑥ 用軸心印章，蓋出一朵朵漂亮的花朵吧！

NOTE

步驟2可以剪出圓角、尖角、方角，發揮創意與巧思，但是年紀較小的孩子自行切割剪裁較危險，建議由大人協助完成。

生活中處處是學習，
激發孩子無限潛能！

▲▼

生活中處處是學習，從生活中透過經驗來學習，
反而比讓孩子背教科書、寫練習題，來得更加有效果！
在生活中讓孩子親自體驗學習到的東西，會令他們更加記憶深刻。
透過各項生活遊戲與教具的刺激，肯定能找出孩子內心隱藏的無限潛能。

▲▼

　　雖然是從同一個肚子生出來的，但是老大和老二，
不管是吃的東西也好、學習的方式也好，甚至連想法都
截然不同。大兒子是很自律的孩子，在制定的條件下很
規律的生活；二兒子卻是個總是跑來跑去、活動力十足
的個性。

　　每次看著這兩個孩子，都想著他們的個性能平衡一
下就好了，不過因為孩子們目前所能體驗的事物還不是
很多，媽媽應該要做的是刺激出孩子們相反的個性。因
為孩子們的潛力是無窮的，要是經常刺激就可以激發出
更多的力量，或許孩子們並不是沒有那種個性與能力，
只是目前尚未體驗到，所以無法發揮出來而已。

　　想要提升並刺激孩子的各項能力，可以透過生活
中的情境來激發，並以教具來輔助。但並不是鼓勵「從

小時候開始，就一定要買昂貴的教具給孩子」的這種想法，我認為**與其用書來學習知識，親自看、親自感受所遺留下來的記憶，反而會更加深刻，例如親自摸過、感受過形狀的孩子，對圖形就能夠有更快的反應。**

　　我利用生活中常使用的用品，並買了廉價的教具，偶爾製作媽媽牌遊戲，讓孩子體驗遊戲和各種形狀（圓形、三角形、方形等），漸漸地，我的孩子們對圖形也就引發了興趣，還可以觀察對於圖形的理解力。我認為生活中處處是學習，例如我們可以從生活中透過經驗，學習到數學和科學，這樣反而比讓孩子寫數學練習題，來得更加有效果呢！

　　「這裡有3條軟糖，吃掉1條還剩幾條？」
　　「人行道上的紅綠燈，是怎麼開跟關的？」

　　一邊用這種方式與孩子對話，就能夠跟生活中的數學與科學做連結，在生活中讓孩子親自體驗學習到的東西，會令孩子更加記憶深刻。

　　每個孩子的個性都不同，快速判斷孩子的性格，引導他們走向正確的路很重要，但並不是說孩子的個性與能力就僅止於此。媽媽們努力透過各項生活遊戲與教具的刺激，肯定能找出孩子內心中所隱藏的無限潛能。

孩子們並不是沒有那種能力，只是目前尚未體驗到所以無法發揮出來而已。

吸管積木

難易度	★★★☆☆
材　　料	黏土、剪刀、吸管
適合年齡	6～8歲

| STEAM | 提升創客能力 |

TECHNOLOGY
利用生活中各種物品形狀的原理，試著做出輪胎、足球、下水道蓋、建築物等形狀，並加以練習說明。

MATHEMATICS
能夠理解用吸管做出的線和面，並能擴大立體圖型的思考，這樣也能培養空間感。

HOW TO

❶ 準備好黏土，顏色不拘。

❷ 把黏土捏成一個個的圓。

❸ 將吸管剪成約60公分長的長度，可以準備很多根。

❹ 請試著做出三角形吧！

❺ 請試著做出四方形吧！

❻ 然後試著做出不同立體狀的建築物吧！

NOTE

這個遊戲只要用黏土和吸管，就能讓孩子發揮巧思，建造出獨一無二的立體造型吧！

繽紛項鍊

難易度	★★★☆☆
材　　料	天使黏土、麥克筆、吸管、細線
適合年齡	4～8歲

| STEAM | 提升創客能力 |

🔧 **ENGINEERING**
用線將圓形黏土一顆顆串起，可以依自己想要的顏色來搭配。

✋ **ART**
使用各種顏色的麥克筆來混色，讓孩子利用白色黏土，混合出各種想要的顏色。

HOW TO

① 用手抓起一塊黏土。

② 拿出喜歡的麥克筆顏色，在黏土上點幾點後，再次將黏土搓揉成圓形。

③ 接著就可以做出各種顏色的圓形黏土。

④ 用吸管在球狀黏土中間穿個洞。

⑤ 用線將各種顏色的圓形黏土給串起來。

NOTE

選購黏土時，建議選無毒無味、好塑型的「輕黏土」。這裡使用的是韓國「天使黏土」，塑形力佳又可重覆使用，一般我們於網路上搜尋關鍵字「天使黏土」、「輕黏土」即可購得。

⑦ 發揮創意，就能變身為項鍊、手環等孩子喜歡的裝飾品囉！

時鐘遊戲

難 易 度	★★★★☆
材　　料	有圖案的紙盒（或有圖案的免洗紙盤）、厚紙板、時針和分針、分腳釘、膠帶、剪刀、筆
適合年齡	3～7歲

| STEAM | 提升創客能力 |

TECHNOLOGY
有助於孩子理解時鐘自動的原理與齒輪的轉動。

MATHEMATICS
讓孩子能夠跟著時鐘的轉動，唸出對應的時間。

HOW TO

① 準備一個有圖案的紙盒，並將其攤平（或是有圖案的免洗紙盤）。

② 將厚紙板剪成圓形，共剪12個圓。

③ 分針和時針，放旁備用。

④ 假如沒有步驟3的材料，可以用厚紙板來自製時針和分針。

⑤ 用分腳釘穿過時針和分針，並固定在步驟1的中央，再將分腳釘的兩隻針分開使之固定。

⑥ 將穿過去的分腳釘攤平後貼上膠帶，使之固定。

NOTE

材料中的分腳釘，又稱為雙腳釘、兩腳釘，去書局就可以買到。雙腳釘很軟，可打開或反折，將雙腳釘穿過去，再將兩隻腳打開，就可以讓素材有固定的效果又可以轉動。

⑦ 用簽字筆在紙盤上，寫出各時針對應的數字。將步驟2剪好的圓形，寫上對應的分針數字。

⑧ 接著就可以與孩子一起玩旋轉指針、唸時間的時鐘遊戲囉！

拋開負面情緒，
媽媽必須凝聚正能量！

▲▼

教養是一條難行的道路，與孩子相處時是不是總想發火？
雖然想當個戒吼媽，但卻覺得自己的耐性越來越少⋯⋯
總會不自由主的想著「都是你！讓我無法過以前舒適的日子⋯⋯」
試著用另一種方式思考，將「都是你」改為「因為你」看看，
有了滿滿正能量，育兒之路會變得輕鬆許多！

▲▼

「都是你，所以我連吃飯的時間都沒有⋯⋯」
「都是你，所以我才這麼忙碌⋯⋯」
「都是你，所以我連朋友的聚會都無法參加⋯⋯」
「都是你，我實在累到快哭出來⋯⋯」
「都是你，所以我老了許多⋯⋯」
「都是你，我的身體不堪負荷⋯⋯」
「都是你，我的東西沒地方可以放⋯⋯」

都是你，所以我才要忍受這麼多的⋯⋯？
請大大的深呼吸一次，再次想想看。

「因為你，我時時刻刻都不無聊。」
「因為你，我再也不用去聽別人閒聊八卦與抱怨，浪費錢在聚會上。」
「因為你，看著對我微笑的你，我也笑了。」
「因為你，現在不是我老去的時間，而是和你一起度過的寶貴時間。」
「因為你，我變得更想要有健康的身體，更珍惜自己的生命。」

因為你，看著對我微笑的你，我也笑了。

「因為你，讓我理解施比受更有福的莫大喜悅。」

因為你，我的人生不一樣，並且有了更多的轉變！

新生命的誕生，讓每個父母的生活都面臨了巨大的轉變，當媽媽後必須放棄許多東西，但相對的其實生活變得更有趣，因為要與孩子一起創造更有價值的人生。人生的這條路上，如果你一開始就用負面的想法與情緒去面對的話，就會一直往壞的地方想，然後一直生氣。

反之，若是你用正面的想法來面對的話，就會覺得自己很幸運，並感謝這個當下的瞬間，這樣的想法差異也會影響我們的身體喔！在相同的情況下，隨著越來越多的正面思考，會讓身體越來越健康；若隨著越來越多的負面思考，身體狀況可能就會每況愈下，這兩件事是息息相關的。

教養是一條難行的道路，與孩子相處時試著用另一種方式思考，這樣養兒、育兒上，會更有耐心面對每件事物！

不是「都是你」，而是「因為你」，讓我認識到更多的東西！

畫出小狗
的身體

難 易 度	★☆☆☆☆
材　　料	局部貼紙（例如只有動物大頭圖的貼紙）、圖畫本、彩色鉛筆
適合年齡	4～8歲

┤ STEAM │ 提升創客能力 ├

🎨 ART
讓孩子畫出剩下的局部圖案，能表現出動物的特徵，並用畫好的圖案來看圖說故事吧！

🔢 MATHEMATICS
藉由繪製出另一半動物局部圖案，來提升數學推理能力和創造力。

HOW TO

① 準備好只有局部的貼紙（動物大頭貼紙）。

② 將貼紙貼在圖畫本上。

③ 請孩子透過自己的想像，用彩色鉛筆畫出動物的身體及其特徵。

④ 畫好後，就開始看圖說故事吧！

★ 搭配印章及彩色鉛筆，發揮孩子無限創意！

想要讓孩子發揮創意，可以再搭配印章及彩色鉛筆來塗鴉，這款長柄印章組內含10個不同圖案的長柄木頭印章，可以讓孩子方便抓握、不易弄髒小手，搭配彩色鉛筆來手繪塗鴉，就能製作出風格獨一無二的精美卡片或美麗圖畫。

美國瑪莉莎 Melissa & Doug／木製長柄印章組-繽紛花漾

NOTE

貼紙可以自行選擇，例如動物大頭貼紙、手指貼紙，只要能表現出局部的貼紙，再請孩子發揮想像畫出剩下的一部分即可。

餅乾怪來了

難易度	★★☆☆☆
材　料	各種形狀的餅乾、塑膠袋、剪刀、色紙、膠帶
適合年齡	3～7歲

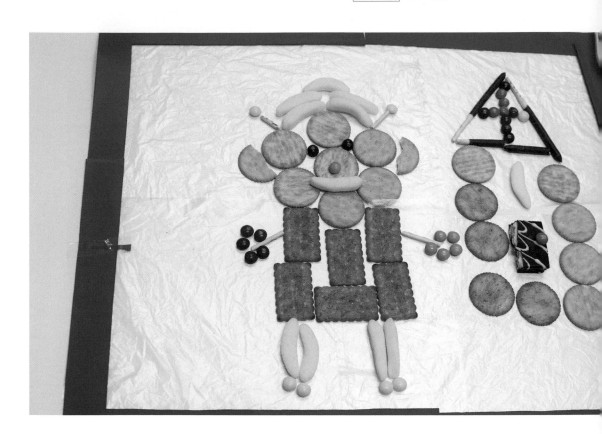

STEAM｜提升創客能力

SCIENCE
一起探討為了保持餅乾的新鮮度，該怎麼防止餅乾變形及變軟的問題呢？

MATHEMATICS
利用各種形狀的餅乾，製作出新的形狀，培養平面圖型的視覺，也能養成數學推理能力和創造力、思考力。

HOW TO

① 塑膠袋攤開在桌子上，並將色紙剪成5公分寬長條狀備用。

② 將色紙圍在攤開的塑膠袋外圍，並且像相框一樣的框起來。

③ 避免塑膠帶和色紙之間晃動，用膠帶將它們固定。

④ 準備好各式各樣的餅乾。

⑤ 讓孩子們發揮創意，打造出心目中的餅乾怪吧！

NOTE

餅乾建議多準備不同形狀的，例如圓形、長條形、正方形、三角形等，就能讓孩子能發揮創意與巧思，拼出心中的餅乾怪。

橘子表情
遊戲

難 易 度	★☆☆☆☆
材　　　料	橘子、筆、眼睛貼紙
適合年齡	2～7歲

┤ STEAM ┤ 提升創客能力 ┤

TECHNOLOGY
在堆疊橘子的過程中，理解抓住重心的方法，而為了抓重心也會瞭解到個數的變化。

ART
利用橘子皮來表現出各種不同的表情變化。

MATHEMATICS
在堆疊橘子的同時能培養對於數的量感，並能熟練對於堆疊的顆數與層別數等的數字變化。

HOW TO

① 將橘子與貼紙準備好。

② 利用眼睛貼紙，做出橘子的表情。

③ 用筆畫出表情的其他部位（例如眉毛、嘴巴、頭髮），發揮創意製作出橘子娃娃吧！

④ 橘子娃娃完成了！

⑤ 根據橘子本身的顏色，來做出多樣化的表情。

⑥ 試著把橘子疊起來，或是也能發揮巧思，利用橘子皮來寫字喔！

NOTE

可以利用橘子皮來寫字，步驟6寫的是「媽媽我愛你」。
因為中文字筆劃較多，可以寫一些筆劃較少的，例如
「大」、「小」，或是英文字母來讓孩子練習。

用聆聽代替指責，
讓孩子自信發揮創意！

今天的遊戲時間安排的是畫畫，但喜歡畫畫的二兒子在勳，
今天卻拿著蠟筆在圖畫本前猶豫了許久。我心想「怎麼了嗎？」，
本來就喜歡畫畫的他，怎麼今天看起來特別沒有自信呢？
是什麼讓他失去自信呢？媽媽該做的就是要鼓勵孩子。

看哥哥和弟弟一起玩遊戲時會發現，有時弟弟會嫉妒哥哥、哥哥也會嫉妒弟弟，在玩遊戲的時候，媽媽最好不要特別說誰比較好、誰比較差，以免引起比較的紛爭。不過雖然說只要享受玩樂的時間就好，但是孩子們的內心看起來並不是那麼想的，就像是參加寫生比賽一樣，孩子們你看我、我看你，相互忙著評論彼此的作品，甚至覺得自己畫得沒有別人好時，就會感到自卑、失去自信。

「在勳啊！畫畫沒有一定的答案。」
「媽媽，是真的嗎？」
「我們只要享受就行了，畫你想畫的就是答案！」

聽到了這句話，孩子才展開笑容，並且開始畫畫。我想為孩子們裝上一對，讓他們能自由表現自己想法的

翅膀，這樣孩子們才會擁有自信，在成長的過程中感受到幸福，不是嗎？

放顆蘋果在孩子們面前，哥哥和弟弟看到的是相同的蘋果，但是兩人的想法和感受一定會有所不同。哥哥有可能是集中在蘋果的樣子和顏色，弟弟則有可能是在想像蘋果的味道，就算是同一時間看著相同的物體，但因為彼此間的想法和感受不盡相同，所以表達出的也不會一樣，這個時候就是考驗孩子的觀察力。

但是有時候大人為了想告訴孩子們正確的知識，當下指責孩子天馬行空的創作內容，這種反應反而會傷到孩子們的自尊心，也可能是他們越來越沒自信的主因。舉例來說，如果孩子畫出不是吃肉，而是吃草的暴龍，那會怎麼樣？絕大部分的大人們一定會說：「怎麼會這樣畫？暴龍是肉食性恐龍啊！哪有可能去吃草呢？」

這個時候，不如先問問看孩子們的看法吧？
「為什麼暴龍在吃草呢？」
孩子們會很有自信地回答，他們所想的內容。
「暴龍雖然是肉食性恐龍，但是我擔心牠們消化不良，所以也想要給牠吃點草。」
對於孩子們在知識上的創意，令我大吃一驚，在孩子們的貼心思考下，我覺得他們的每一幅畫真是可愛極了。

我想為孩子們裝上一對，讓他們能自由表現自己想法的翅膀。這樣孩子們才會擁有自信，在成長的過程中感受到幸福，不是嗎？

丟接球遊戲

難 易 度	★★★☆☆
材　　料	魔鬼氈、不織布、剪刀、熱熔膠槍、棉質手套、免洗紙碗、保麗龍球
適合年齡	5〜8歲

| STEAM | 提升創客能力 |

TECHNOLOGY
透過魔鬼氈，理解球黏住及掉落的黏著力原理。

MATHEMATICS
和孩子一同丟接球，有助於理解一對一對應（函數）關係，並在丟接球的過程中練習數數。

HOW TO

① 請先準備2個免洗紙碗和棉質手套。

② 用剪刀從免洗紙碗的邊緣，約剪5～6刀。

③ 將步驟2放在不織布上壓平後，並用鉛筆描繪出外圍輪廓。

④ 將不織布剪下，黏在紙碗的內側。

⑤ 用熱熔膠槍，將防滑手套黏在紙碗上。

⑥ 將保麗龍球外圍，纏繞上魔鬼氈。

⑦ 丟接球玩具完成囉！

⑧ 和孩子們一起玩丟接遊戲吧！要自己一個人丟接球也可以喔！

NOTE

較危險的切割剪裁、熱熔膠槍黏貼動作，由家長來完成。

尾巴遊戲

難 易 度	★★★★☆
材　　料	報紙、不織布、熱熔膠槍、長尾夾、毛線、髮箍
適合年齡	4～8歲

┤STEAM│提升創客能力├

SCIENCE
藉由動物突出的特徵，能製作出對應此特徵的動物。

TECHNOLOGY
相互抓尾巴或模仿動物，能使大肌肉更加發達。

ENGINEERING
根據動物的特徵，能夠在尾巴上撕下或貼上花紋。

HOW TO

① 將報紙捲起來，做成一長條狀。

② 捲好後將不織布蓋在報紙上，並再次捲起來。

③ 將毛線剪成長短不一的長度，然後黏貼在不織布的內側。

④ 請在報紙的另外一頭，黏上長尾夾。

⑤ 將黑色的不織布剪成圓形，然後在捲好的不織布上貼上魔鬼氈。

⑥ 在髮箍上，用不織布剪出動物的耳朵、角等明顯的特徵來裝飾。

⑦ 孩子們戴上髮箍時，將步驟4的長尾夾夾在褲子上。

⑧ 發揮巧思，就可以裝飾成長頸鹿、斑馬等特徵明顯的動物喔！

飛鏢遊戲

難 易 度	★★★☆☆
材　　料	泡棉管、大頭針、免洗紙碗、不織布、牛奶盒、厚紙板、色紙、白膠、剪刀
適合年齡	6～8歲

| STEAM | 提升創客能力 |

⚒ ENGINEERING

透過投擲的方式能夠調節力量的大小，根據投擲的力量大小不同，在投擲同時能直接用眼睛掌握座落在標靶上的位置。

➗ MATHEMATICS

調整鏢靶的距離能夠計算長度與距離單位，計算靶面的分數還能一同進行演算過程。

HOW TO

① 將泡棉管剪成一半備用。

② 用熱熔膠槍，將大頭針固定在泡棉管上。

③ 將免洗紙碗反蓋，黏貼在厚紙板上。

④ 利用不織布製作出標靶上的圓型區域，並將其貼在紙碗上。

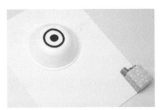

⑤ 將牛奶盒上半部剪掉，外圍用色紙包起來，並請貼在步驟3厚紙板的下方。這能用來收納飛鏢。

⑥ 在標靶的周圍畫上蝸牛或是其他圖案做裝飾。

⑦ 目標跟距離調整好後，就來玩射飛鏢吧！

NOTE

危險的切割剪裁、熱熔膠槍黏貼動作，建議由家長來完成。另外，飛鏢的尖頭處很危險，一定要特別小心喔！

每個媽媽，
都有一個滿出來的購物車？

好像很多媽媽的網路商城購物車裡，東西總是多到滿出來，
「這個很棒耶！應該買一下」、「那個也不錯，應該買一下」，
就這樣抱持著「買一下」的想法，把購物車給裝得滿滿的。
不過總是想等便宜再結帳，於是把東西放在購物車裡，
不知不覺就過好幾個月了⋯⋯

　　媽媽們總是有「等購物車裡的東西便宜一點再買好
了」的想法，或是苦惱衣服的尺寸大小的問題，因為孩
子們長得很快，如果明年或是後年要穿的話，就要買比
他們現在大兩號的尺寸，不然明年或後年都沒機會穿。

　　總在這樣思考的過程中，不知不覺又到了換季的
時間，單純放在購物車裡的東西，就這麼錯過了購買的
時機。但這可不只衣服而已，孩子們的書籍、玩具、學
習都有最恰當的時機點，這和孩子剛出生不會自行大小
便，但成長到一定的年齡後，就會自己去上廁所是
一樣的意思。**孩子每個階段適合的物品，都是
有時間性的。**

　　購買孩子們的書籍時，若先丟到購物車
裡等到降價再買，那孩子們也錯過閱讀那本書的
時間了。等待降價的同時孩子也已經長大，所需要的

孩子們的書籍、玩具、學習都有最恰當的時機點，這和孩子剛出生不會自行大小便，但成長到一定的年齡後，就會自己去上廁所是一樣的意思。每個階段適合的物品，對孩子來說都是有時間性的。

也不是原先要看的那本書，而是其他的書籍了。若是已經決定買孩子們必讀的書籍，千萬不要只放在購物車裡而不結帳，盡快購買孩子這個階段最需要的物品吧！

我最初也是想要買得便宜，所以在網路上搜尋比較最低價格，但這樣下來，網路購物一次就要花上我2～3個鐘頭的時間，在這麼長的時間裡不斷比價，比到後來因為太累而放棄不買的例子也很多。有過幾次相同的經驗之後，突然發現把時間花在比價上太可惜了，之後我就稍微挑幾個網站，比價1～2次就馬上購買。

與其花時間一直搜尋最低價格，不如將所花的時間用在孩子們身上，讓他們能夠早一點讀到書。在孩子需要的時候，能夠快速地供給營養的媽媽角色是非常重要的喔！來～讓我們把購物車清空吧！

牛奶盒水車

難易度	★★★☆☆
材　　料	牛奶盒、剪刀、膠帶、竹籤
適合年齡	3～7歲

| STEAM | 提升創客能力 |

TECHNOLOGY
能瞭解到水落下的時候將位能轉換成動能的原理。

MATHEMATICS
隨著水位落下的高低，能夠掌握水車轉動的速度變化。

HOW TO

① 準備1000毫升的牛奶盒。

② 將牛奶盒頂端剪下，留下2/3的部分。

③ 將盒子上方的其中兩面剪下，製作成兩個相同大小的長方形。

④ 將步驟3長方形的中心處剪個缺口，把另外一個插進缺口處作為水車扇葉。

⑤ 將竹籤穿過扇葉的中心。

⑥ 牛奶盒上方剩下的兩面打洞，再將竹籤插入，固定步驟5的扇葉。

⑦ 試著裝水來轉動水車吧！

隱形墨水

難 易 度	★★☆☆☆
材　　料	檸檬、A4紙、棉花棒、熨斗
適合年齡	3～7歲

----| STEAM | 提升創客能力 |----

🧪 SCIENCE
檸檬汁作畫後拿去加熱，會看到用檸檬汁畫過的部分呈現深色的字體，讓孩子了解碳水化合物的變化原理。

🎨 ART
讓孩子將想畫、想寫的，用檸檬汁畫下來。

HOW TO

① 將檸檬對切。

② 讓孩子試著說出檸檬的味道及香氣。

③ 一起動手來擠檸檬汁吧！

④ 用棉花棒充分沾上檸檬汁。

⑤ 在白紙上畫畫或寫字。

⑥ 畫好之後，用熨斗來加熱圖畫紙。

NOTE

檸檬汁或其他果汁裡，都含有碳水化合物，這些化合物溶解在水中後，幾乎是沒有顏色的。但是經過加熱後，碳水化合物就會分解而留下黑色的碳，於是這些黑色就會浮現，也是無字天書的原理。

⑦ 加熱約5分鐘過後，檸檬寫的字或圖形就出現囉！

肥皂泡泡

難易度	★☆☆☆☆
材　　料	吸管、肥皂泡泡水、膠帶
適合年齡	3～7歲

| STEAM | 提升創客能力 |

🧪 SCIENCE

能理解肥皂泡泡所產生的表面張力（肥皂是由界面活性劑製造的，當肥皂與水融合時會使水的表面張力降低，便容易產生泡泡）。

🔧 ENGINEERING

觀察肥皂泡泡能夠培養立體圖型的球體（sphere）感。

HOW TO

① 準備多根吸管。

② 將吸管折成圓形。

③ 將折成圓形的吸管，用膠帶固定在長吸管上。

④ 將步驟3放進肥皂泡泡水裡面沾濕。

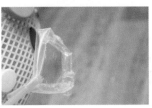

⑤ 用嘴巴對吸管吹氣，如果孩子吹出的氣太小的話，也可以用電風扇來吹氣。

⑥ 試著做出不同大小的肥皂泡泡吧！

NOTE

肥皂泡泡水製作方式：將肥皂切小片，倒入熱水使其融解，再加入適量砂糖與一包茶包，蓋上保鮮膜後靜置一天。另外，肥皂泡泡掉到地板上有可能會滑倒，於室內遊戲過後一定要將地板擦乾淨喔！

節制

媽媽不是神力女超人，
而是為了成為超人在努力著！

在養育孩子的途中，若是感到格外辛苦，
我就會看一下最近泛濫到不行的育兒家族節目，
但在看完節目後，我的內心卻會有「難道只有我不會養小孩嗎？」這種想法，
還心想：「這些育兒媽媽們的行為，一定有哪裡跟我不一樣吧？」，
就這樣越想越心慌，開始不斷在網路上搜尋育兒書或是資訊。

　　但是越這樣做，就越有「真的只有我不會養小孩嗎？」的念頭，陷入這種思緒的我，不僅越來越沒自信，也越來越討厭我自己了。生活在只要上網搜尋就能獲得資訊的時代，雖然便利卻也因為眾多的資訊，而令我更加動搖。

　　育兒書裡不可能任何解答都有，也不可能寫得很完美又全面，而媽媽也是人，當然也會有失誤的時候。成為父母很容易，但當父母卻不簡單，與其配合育兒書來尋找我孩子的行為答案，不如直接針對孩子的行動，來找出孩子做這些動作的解答，或許感覺會更正確吧！

　　要是我的體內住著一位能直率地告訴我YES或NO答案的神仙，該有多好啊？真有那種神仙的話，我想問問祂：「我現在該怎麼做呢？」但是育兒本來就不像是

非題一樣，有正確的解答。後來我發現，所有的答案都取決於媽媽的內心，建議不要太過依賴育兒書和網路資訊，那些資料僅供參考即可。

雖然對於養育孩子這種事，將目標設高一點也可以，但目標若是過高的話，媽媽所承擔的壓力也會越來越多，當媽媽所承受的壓力越重時，也會加諸在孩子的肩膀上。設定適合自身的目標吧！假如目前為止還是有負擔的話，就從簡單的開始一個個仔細地進行。

並非當了媽媽之後，理所當然地就成了神力女超人，而是**為了成為孩子的神力女超人，我一定要更努力才行，但是在努力的同時，一定也要預留媽媽能夠休息的空間喔！**

媽媽不是神力女超人，是為了成為神力女超人而努力的人！

不要太過依賴育兒書和網路資訊，那些資料僅供參考即可。建議直接針對孩子的行動，來找出孩子做這些動作的解答。

衛生紙
棒球遊戲

難易度	★☆☆☆☆
材　　料	捲筒衛生紙、報紙或包裝紙
適合年齡	3～7歲

| STEAM | 提升創客能力 |

🔧 ENGINEERING
將推疊起來的衛生紙從最上方開始一一打掉，是個能夠鍛鍊肌力與培養注意力的遊戲。

🧮 MATHEMATICS
根據家庭成員的身高來堆疊衛生紙，試著比較所需的衛生紙數量。

HOW TO

① 將捲筒衛生紙疊起來。

② 為了能夠越疊越多，請一個一個慢慢疊。

③ 將報紙捲起來後，從疊好的衛生紙最上頭開始，一一打掉。

④ 一個小朋友打衛生紙，另一個小朋友去撿被打飛出去的衛生紙。

⑤ 孩子們如果不太會控制力量，可以一起握住球棒來練習。

⑥ 衛生紙倒塌的話，重新堆疊好再次遊戲。

敲釘子遊戲

難易度	★★☆☆☆
材　料	捲筒衛生紙軸心、紙箱或是厚紙板、膠帶、剪刀、牛奶盒、包裝紙
適合年齡	3～5歲

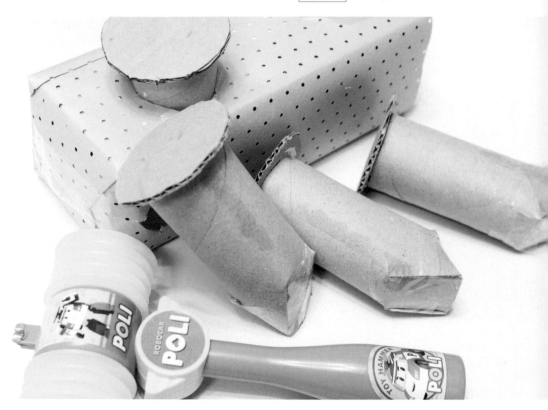

| STEAM | 提升創客能力 |

🔧 **ENGINEERING**

能夠理解槌頭碰觸到釘子頭的衝擊量（力量和時間的函數）。

🏛 **MATHEMATICS**

在洞裡插入紙做的釘子，能夠培養立體圖型的量感和空間感。

HOW TO

1 準備多個捲筒衛生紙的軸心。

2 用剪刀將捲心的尾端稍微剪開。

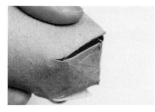

3 將剪開的部分連接起來，並用膠帶固定黏好。

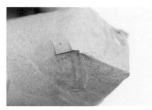

4 尖銳的地方，請用膠帶收尾貼好。

5 用紙箱剪出一個比軸心更大的圓形，並將這個圓形貼在上面。

6 請在牛奶盒上，剪出步驟5能插進去的圓洞。

7 用包裝紙將步驟6的外表黏貼起來。釘子穿洞完成後，就能和孩子們一起玩敲釘子遊戲囉！

媽媽好累，
必須找到釋放壓力的方式！

「媽媽好累喔！」我曾經因為壓力太大，在孩子面前突然嚎啕大哭過，
孩子們第一次看到我這個模樣時，都嚇了一大跳。
媽媽也是人，在筋疲力盡的時候也想找個能喘息的出口，
當然也會有想哭的時候，這個時候能夠消除媽媽壓力的方法是什麼呢？

　　以前在某個韓國談話性節目上，演員金喜愛曾說她在感到壓力的時候，就將衣櫃打開，獨自大聲說話來釋放心中的壓力。有些人是靠著大吃來排解，而有些人是透過購物或是旅行來消除壓力。某位認識的教授則說，他是自己一個人在飯店裡安靜地度過一天。每個人累積的壓力大小不同，解決壓力的方法也都明顯不一樣。

　　當你覺得好累的時候，一定要找出釋放壓力的方法，不論是吃美食、購物都可以，我在試了多次以後，發現能消除我壓力的方式，就是去大型量販的文具店。這樣也算購物的一種，但不是單單逛街購物就結束了，而是看到文具店各式各樣的材料，會有提醒我製作孩子教具的念頭。

　　實際動手做教具的時候，那些所累積的壓力會一掃而空，因為只專注在做教具這件事上，但這並不是因為

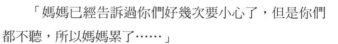

我做得好，只是因為這個全神貫注的時間，能有效消除我的壓力（既能幫孩子做教具、又能釋放壓力，真是一石二鳥的好方法啊！）。如果找不到消除壓力的方式，讓壓力不斷地一直累積，就可能會在某個時候因為不能控制好情感，然後爆發出來喔！

「媽媽好累喔！」

我曾經在孩子面前突然嚎啕大哭過，當孩子們第一次看到我這個模樣時嚇一大跳，安靜了好一段時間。等待心情平復後，才告訴孩子們為什麼媽媽累了。

「媽媽已經告訴過你們好幾次要小心了，但是你們都不聽，所以媽媽累了⋯⋯」

雖然有跟孩子們好好說明，但對於先發脾氣這件事一直耿耿於懷，應該要等我的心情靜下來，然後用「轉達法」好好地跟孩子們說才是。但由於我的內心變得很暴躁，最後就像火山噴發一樣爆發出來這點，真的感到很抱歉。

媽媽要克制情感真的很累，從育兒書上看到的天使媽媽到底在哪裡？我也想要成為像書裡出現的天使媽媽，但不是件容易的事。為了控制那起伏的情感，除了努力還是努力，**每個人可接受壓力的程度都不盡相同，但重要的是盡快找到自身消除壓力的方法**，這才是使育兒之路走的更加順遂的方式不是嗎？

紙杯火車

難 易 度	★☆☆☆☆
材　　料	紙杯、鞋帶、彩色鉛筆
適合年齡	2～3歲

| STEAM | 提升創客能力 |

SCIENCE
藉由看物體移動的過程，理解摩擦力。

TECHNOLOGY
想要把紙杯疊高，就需要找出紙杯的個數和規則，透過這個活動能夠養成
數學的思考力和問題解決能力。

HOW TO

① 把紙杯一個一個疊上去。

② 堆疊的方式有很多種，請試著找出能夠疊出最多數量的方法。

③ 孩子可以在紙杯上畫畫。

④ 紙杯的杯底兩側打個洞。

⑤ 把鞋帶穿過紙杯上的洞，並把它們給連接起來。

⑥ 拉著用鞋帶連結的紙杯，就能變成有趣的火車遊戲囉！

襪子籃球

難 易 度	★☆☆☆☆
材　　料	免洗紙盤、美工刀、襪子
適合年齡	2～3歲

| STEAM | 提升創客能力 |

TECHNOLOGY
透過丟襪子的過程，能夠知道力道大小的應用和物體的運動。

MATHEMATICS
計算丟襪子投籃的成功數，能學習到比值（ratio）和機率（probability）的概念。

HOW TO

① 請準備好免洗紙盤。

② 免洗紙盤中間的部分，用美工刀裁成圓形。

③ 請做出幾個洞口大小不同的盤子，可以當籃框。

④ 找到書桌或是桌子適合的位置，並將盤子固定在上面。

⑤ 將襪子反折包起來。

⑥ 請依照步驟5，做出許多個襪子籃球吧！

⑦ 看我丟襪子籃球～可以讓孩子試著挑戰漸漸變小的籃框！

NOTE

較危險的切割剪裁動作，請由家長協助來完成。

PART 2

培養觀察及學習力，
讓孩子盡情
展現想法吧！

恐龍書不是都一樣，
怎麼又要再買一本呢？

孩子們開始有喜愛的事物了，
要是對某樣東西開始感興趣了，便會展現出無比的熱情。
假如有一天你發現孩子的眼眸發亮、你看到了他點燃熱情的時刻，
請千萬不要錯過那個機會的瞬間。
因為這是孩子們開始知道自身喜歡的東西，正逐漸了解自己的第一個階段。

「媽媽，請買恐龍書給我。」
「媽媽，請買恐龍拼圖給我。」
「媽媽，請買恐龍筆記本給我。」

　　孩子們一直說恐龍、恐龍、恐龍……就算在我看來是相同的恐龍書，但只要是出版社不同或是顏色不同的話，孩子又會叫我買給他們。

「媽媽，買這本給我啦！我們家沒有這一本。」
「這和家裡那本差不多啊？」
「不一樣啦，家裡那本有很多恐龍都沒有，這本也比較厚啊，買給我啦。」

　　要是玩具和遊戲我一定不會買，但是書我實在無法不買給他，不過跟家中既有的恐龍書，好像真的差不了

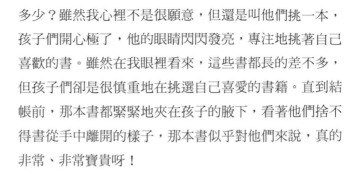

多少？雖然我心裡不是很願意，但還是叫他們挑一本，孩子們開心極了，他的眼睛閃閃發亮，專注地挑著自己喜歡的書。雖然在我眼裡看來，這些書都長的差不多，但孩子們卻是很慎重地在挑選自己喜愛的書籍。直到結帳前，那本書都緊緊地夾在孩子的腋下，看著他們捨不得書從手中離開的樣子，那本書似乎對他們來說，真的非常、非常寶貴呀！

今天孩子所買的恐龍書，以媽媽的角度來說，家裡已經有很多類似的了；但是以孩子的角度來說，是不同於既有的新書，那嶄新感可以刺激孩子，讓他們領悟出念書的方式。

一回到家，孩子馬上就沉浸在所買的那本恐龍書裡面，甚至把不久前才買的其他恐龍書、科學書都拿出來比較與閱讀。雖然我覺得書的內容都差不多，但看著孩子們自動自發讀書的模樣，我也有許多感觸。今天孩子所買的恐龍書，以媽媽的角度來說，家裡已經有很多類似的了；但是以孩子的角度來說，是不同於既有的新書，那嶄新感可以刺激孩子，讓他們自己領悟出念書的方式。想到這裡，我的腦海一閃而過「幸好」這個想法，「幸好我沒有忽視掉孩子們的熱情」！

這一天讓我感受到為了孩子們的發展，必須要幫助他們能接觸到多樣性的機會，以及對孩子的熱情需給予無限信任的重要性。孩子們在學校和家庭的保護下，沒辦法決定所有的事情，因此要找到孩子喜愛的東西也不容易，**假如有一天你發現孩子的眼眸發亮、你看到了他點燃熱情的時刻，請千萬不要錯過那個機會的瞬間，因為這是孩子們開始知道自身喜歡的東西，正逐漸了解自己的第一個階段。**

丟球遊戲

難易度	★★☆☆☆
材　料	水果包裝泡棉、水果盒、棉花、熱熔膠槍、紙、筆
適合年齡	3〜8歲

| STEAM | 提升創客能力 |

🔬 **SCIENCE**
準備不同重量的球，讓孩子感受每個水果泡綿球丟擲的速度。

🔲 **MATHEMATICS**
透過計算進球的分數，培養演算能力和理解機率的概念。

HOW TO

① 準備水果包裝泡棉、裝水果的紙盒。

② 在水果包裝泡棉裡面塞進棉花。

③ 再拿另一個水果包裝泡棉蓋起來，並用熱熔膠槍將縫隙黏起來。

④ 熱熔膠槍的熱氣會使包裝紙融化，所以大致黏一下即可。

⑤ 將紙剪成圓形後，在上面寫上數字。

⑥ 將步驟5的圓形數字紙，貼在水果盒的各個凹槽上。

⑦ 開始丟球囉！丟到的位置上面有分數，遊戲結束後請孩子們加總分數。

⑧ 可以在水果盒裡面放入零食、小玩具等玩法，讓孩子邊玩丟球遊戲，也能獲得小獎品。

NOTE

較危險的切割剪裁、熱熔膠槍黏貼動作請由家長來完成。

色紙手環

難 易 度	★★★☆☆
材　　料	色紙、貼紙、魔鬼氈、剪刀
適合年齡	2～5歲

―| STEAM │ 提升創客能力 |―

TECHNOLOGY
利用魔鬼氈撕開貼合的特性，讓孩子了解原理。

ART
透過折花紋的色紙、貼紙裝飾，培養規則性和創意力。

HOW TO

① 準備各式各樣孩子喜歡的各種貼紙。

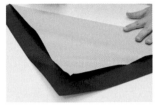

② 將色紙對折成三角形，但另一面折的三角形較小，如圖所示。

③ 將色紙繼續如圖中所示慢慢折起。

④ 用膠帶固定好剩餘結尾的部分。

⑤ 依孩子的手腕長度，剪下適當的長度。

⑥ 頭尾部分貼上魔鬼氈。

⑦ 讓孩子們貼上自己喜歡的貼紙裝飾，就完成囉！

☆ 利用轉印技術，做出閃亮亮的手環！

除了用色紙來做成手環之外，孩子喜歡玩的砂畫，透過轉印技術也能變成閃亮亮的手環！這個泡泡手環使用專利亮粉轉印技術，讓砂畫亮粉不會四處飛散、弄得凌亂不好清理，孩子可藉由不同圖騰造型，學習認識各種圖型、名稱，提升認知能力。除此之外，在轉印貼紙的過程中，還能促進孩子手部精細動作，並發揮想像力，搭配出不同的配色！

美國瑪莉莎 Melissa & Doug ／閃亮轉印貼-泡泡手環

媽媽顯微鏡，
觀察並發覺孩子的特點！

每個媽媽都需要一個能夠觀察孩子的「媽媽顯微鏡」，
以前讀書時，透過顯微鏡來觀察各種事物很有趣、很新奇，
但現在要利用「媽媽顯微鏡」觀察孩子，感覺好難呀……
「媽媽顯微鏡」最大的功用，就是要能發現孩子們自身的特點。

當孩子走路走到一半，突然坐下來看地板的時候，有些媽媽會走過去牽起孩子的手，並將他們拉起；但是有些媽媽則是會和孩子一起蹲下，看著相同的地方。我一開始也和前者一樣，會去牽小孩的手將他拉起來，但現在我會和孩子一樣，跟著他們一起蹲下做著相同的動作，跟隨著他們的視線。原來孩子蹲下的視線，是在親眼觀察著從書上看到的螞蟻，正在地板上爬行，他們自己在做生活中的探索遊戲呢！甚至還不只這樣，孩子一回到家中，馬上把相關的書籍拿出來看一遍，這樣也給了孩子自我學習的時間呢！

我的孩子6歲去上幼稚園時，開始學習漢字了，那時我只是單純地想「是因為透過幼稚園的關係才學習漢字」，但是某一天孩子看了公寓玄關，寫著「自動門」的漢字時，便喃喃自語地說：「自己的自、行動的動、

大門的門，原來是自己會動的門啊！」這時我的「媽媽顯微鏡」開始啟動了，原來孩子似乎對學習漢字有興趣呀？於是我製作了漢字單字卡給孩子玩，並且與孩子一起玩翻單字卡等遊戲，讓他去熟悉每一個漢字。所謂的「媽媽顯微鏡」，就是要在這微小的機會裡，發現到孩子的特長。

有些媽媽會規定孩子每天要寫的作業份量，但寫作業終究不是遊戲，即使是媽媽陪同一起做，對孩子來說都是一項嚴格的學習。對於精力旺盛的孩子來說，每天反覆做同樣的作業本，一定會感到很厭煩，因為連大人都不喜歡了，更何況是小朋友呢？

很多家長認為，學習就是要坐在書桌前寫作業、看書，但這樣乏味的學習我認為沒必要，建議根據孩子的性向給予適合的刺激，例如讓活動量大的孩子去跑跑跳跳、喜歡科學的孩子讓他玩有趣的科學實驗，依孩子的興趣來給予他們刺激，是最好的學習方法。因為孩子們的內心，只要稍微被刺激，就能發揮出更多潛在力，雖然這不是簡單的事，但每個媽媽都必須努力帶著「媽媽顯微鏡」，找到孩子們隱藏的無限潛力。

對於精力旺盛的孩子們來說，每天反覆做同樣的作業，一定會感到很厭煩。

吸管噴泉

難易度	★★☆☆☆
材　料	玻璃瓶、水、吸管、陶土、剪刀
適合年齡	5～8歲

| STEAM | 提升創客能力 |

TECHNOLOGY
藉由實驗能理解到噴泉的原理。

MATHEMATICS
計算吸管的長度，培養長度的計算和量感。

HOW TO

① 準備一個玻璃瓶。

② 準備兩隻可彎曲的吸管（一個長、一個短）。

③ 在瓶子裡裝水，並用陶土封住瓶口。

④ 在封住瓶口的陶土上面，挖兩個洞。

⑤ 將一長一短的可彎吸管插入步驟4中。

⑥ 小噴泉就完成囉！

NOTE

插入一長一短的吸管，長吸管放入水中、短吸管懸在空中不碰到水，接著對短吸管吹氣，長吸管就會冒出水來。這個原理是因為對短吸管吹氣會增加瓶內的氣壓，所以水就會由長吸管壓出去。

⑦ 讓孩子往短吸管吹氣，水就會從長吸管裡噴出水來，是不是很有趣呢？

氣 球 船

難 易 度	★☆☆☆☆
材　　料	氣球、牛奶盒、剪刀
適合年齡	4～8歲

| STEAM | 提升創客能力 |

SCIENCE
藉由氣球船移動的方式來理解動能。

MATHEMATICS
透過比較球體的體積，培養立體圖形的數學量感。

HOW TO

① 將牛奶盒清洗好備用。

② 把牛奶盒的底部剪下來，一邊挖出個原子筆身大小的洞。

③ 把氣球的吹氣口穿過洞孔，並將洞口朝外。

④ 氣球吹氣變大之後，用手緊緊抓住吹氣口。

⑤ 把氣球船放進裝滿水的箱子裡後，再放開吹氣口。

⑥ 氣球變小的同時，觀察氣球船移動的方式。

不知不覺，
孩子就這樣長大了！

大兒子的生日是6月5號，今年孩子的生日是在星期五，
由於老公當天公司聚餐預計會晚點下班，
所以當天的生日派對就不能舉行了。
我想用一個善意的藉口，讓孩子接受「晚一天過生日」的想法，
沒想到孩子的回答讓我發現，孩子們不是只有身體會成長，
連想法也都一起成長了！

　　當我跟大兒子聊起生日話題，想用善意的藉口讓他
接受「晚一天過生日」的想法時，

　　大兒子急忙地說到：

　　「媽媽，我的生日絕對不能延到6月6號！」

　　「不就是晚一天過生日，也會這麼堅持啊？」我心
裡這麼想著。

　　不可以讓孩子們發現媽媽有善意藉口的想法，媽媽
的想法在被發現之前，要先知道為什麼孩子不喜歡晚一
天過生日，因為也只不過才一天而已呀？

　　「就晚一天而已，為什麼不行？」

　　「因為6月6日是顯忠日！」

　　「那有什麼關係？」

「因為顯忠日是為了要紀念那些，捍衛國家而犧牲的烈士們。總不能說因為是我的生日，就要祝賀吧！」

聽到孩子回答的當下我瞬間結凍，而且臉紅得就像紅蘿蔔一樣。

對我來說，不再只是需要媽媽保護及牙牙學語的孩子了……原來孩子的思想，已經在不知不覺間更加成熟與成長了。

我事後才體悟到，孩子們長大的不是只有身體，連想法也都一起成長了。

報紙迷宮

難易度	★☆☆☆☆
材　料	報紙、塑膠袋、小玩具或零食、膠帶
適合年齡	5～8歲

| STEAM | 提升創客能力 |

MATHEMATICS

利用報紙製作出有規則性的迷宮，培養孩子解決問題的能力。

HOW TO

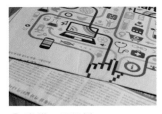

① 準備一份報紙。

② 將報紙剪成粗的長條狀。

③ 用膠帶將報紙連接起來。

④ 連成長長的一條線之後，分配好路線，並製作成迷宮圖。

⑤ 請在黑色塑膠袋裡面，放入孩子們喜愛的零食或小玩具。

⑥ 將裝有零食的黑色塑膠袋，放在迷宮的終點。

⑦ 讓孩子們親自走迷宮圖的路線。

⑧ 讓孩子們玩迷宮遊戲，成功走到終點就能獲得小獎品喔！

市場遊戲

難易度	★★★☆☆
材　料	紙幣、紙箱、包裝紙、餅乾、筆、紙、磅秤
適合年齡	6～8歲

─┤ STEAM │ 提升創客能力 ├─

㊣ MATHEMATICS

藉由市場遊戲能讓孩子有經濟觀念與演算能力，透過秤重還能夠培養重量的量感。

HOW TO

① 準備好紙幣（也可以自己製作）。

② 將紙箱外黏貼包裝紙，當市場遊戲的販售窗口。

③ 請孩子們親自設定餅乾的售價。

④ 請孩子們在紙上，寫下餅乾的價目表。

⑤ 把價目表和要販售的商品，陳列在一起。

⑥ 將販售的商品過磅之後，收取該商品的金額。

NOTE

年紀較大的孩子，設定價格時透過磅秤量秤，可以用10g共100元這樣的方式來設定。如果年紀較小的小孩玩市場遊戲，可以省略磅秤，直接以3個共100元這樣的方式來進行遊戲。

⑦ 為了讓孩子們玩得更愉快，媽媽可以扮演客人的角色來引發孩子的興趣。

傳單賓果

難易度	★☆☆☆☆
材　　料	圖畫本、筆、超市傳單、口紅膠
適合年齡	5～8歲

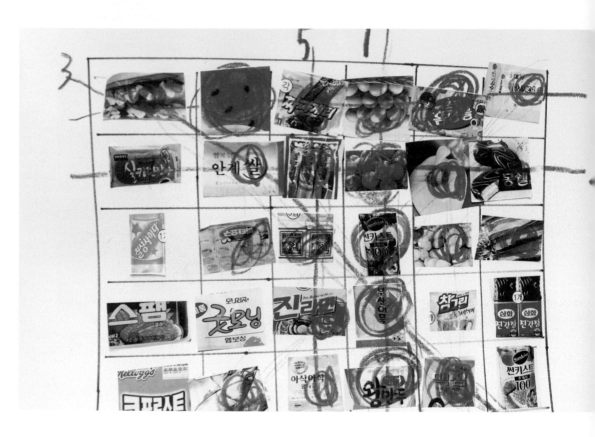

| STEAM | 提升創客能力 |

🍎 **MATHEMATICS**
　藉由賓果遊戲，理解對角線、直線、橫線的方向概念。

HOW TO

① 在圖畫本上畫上正方形棋盤狀。

② 拿出超市的傳單紙備用。

③ 用剪刀剪下各式各樣的傳單商品。

④ 將剪下的商品貼在步驟1的棋盤格子裡。

⑤ 一格貼一樣物品，2人以上就可以開始遊戲囉！

⑥ 各自喊出心中所想的商品，並且標記起來。

⑦ 只要連成橫線、直線或是對角線，就大聲的喊「賓果」吧！

孩子單純的內心，
需透過引導做正確判斷！

▲▼

媽媽一直以來，都是扮演著替孩子做出判斷與指導行為的角色，
當孩子成長到一個程度，就會自己做出判斷與決定。
媽媽們必須相信並支持孩子自己所做的判斷和行動，
當媽媽引導的路是正確的方向時，
孩子也會朝著媽媽的引導做出正確的決定。

▲▼

和孩子們從市區的書店出來後，孩子們也肚子餓了，開始喊著要吃東西。
「媽媽！買披薩麵包給我，不是披薩而是披薩麵包。」
「那我們要去找麵包店嗎？要睜大眼睛地找喔！會在哪裡呢？」

大兒子和二兒子開始在周圍繞來繞去找麵包店，突然傳來孩子的大叫聲。
「媽媽！是機器人蛋糕耶！」
「機器人蛋糕是什麼？」

為了解開疑惑，我跟孩子們走進了一間麵包店，孩子們用手指了蛋糕櫃檯，
「就是那個，機器人蛋糕。」

最近每間麵包店，都會在普通的蛋糕上，插上孩子們喜歡的玩具，例如機器
人、波力、冰雪奇緣、泰路小巴士等等的蛋糕……，這類擄獲孩子芳心的商品非
常多見。雖然看得出來孩子們對機器人蛋糕很感興趣，但是總不能想要的就全部
買給他們，我希望能讓孩子們的注意力，回到最初的「披薩麵包」上。
「哇啊！連機器人蛋糕都有，好酷喔！不過披薩麵包在哪裡呢？」

　　孩子們馬上去拿了夾子和盤子過來，親自夾了自己想要吃的披薩麵包，雖然夾子比孩子的手還大，不過孩子們為了不使麵包掉落在地上，所以很專注的將麵包夾到自己的盤子裡，而我則在一旁關注，避免孩子們失誤。

　　「要小心不可以掉了喔！要用力夾緊！做得真棒～」

　　看著這一幕的麵包店老闆，在結帳台前跟孩子說了一句話：「真是聽媽媽的話，那麼叔叔要給你們個禮物才行啊！來～是機器人！」老闆將機器人蛋糕上的機器人拿下來給了孩子們。我在後面看著這情況，原以為孩子們會高興的跳起來……

　　「不用啦……沒關係！」孩子們卻拒絕了。

　　我很好奇孩子們為什麼會拒絕收下玩具，所以一出了麵包店我就向孩子們問道：「你們那麼喜歡機器人蛋糕，不過為什麼剛才不拿叔叔送的玩具呢？」

　　「媽媽！因為玩具很快就會壞掉了，而且我們比較喜歡書！」

　　一直以來我都自製遊戲、帶孩子看書，漸漸地也讓他們喜歡上看書的環境，透過這樣的引導，孩子漸漸走向媽媽引導的方向。孩子的內心是單純像白紙一樣的，若是這單純的內心再加上能判斷是非對錯的思考能力，就能讓孩子清楚分辨這個世界上的真偽，走上正確的軌道。

　　以往媽媽的角色都是替孩子做出判斷與指導行為，但當孩子成長到一個程度後，他們就會自己做出判斷和行動，這個時候媽媽所要做的，就是相信和支持孩子們自己所做的判斷。

故事分類遊戲

難 易 度	★★☆☆☆
材　　料	圓形蛋糕、教具、刀子、盤子
適合年齡	4～8歲

-| STEAM | 提升創客能力 |-

🔢 MATHEMATICS

藉由把蛋糕分成相同的等分，能理解分子和分母的概念。

HOW TO

① 請準備好圓形蛋糕。

② 利用教具來製作分蛋糕吃的場景。

③ 試著說明要如何分，才能讓每個人吃到相同大小的蛋糕。

④ 用刀切出相同等分大小的蛋糕。

⑤ 由4個人增加到6個人的時候，請一樣分出同等份的蛋糕。

⑥ 分類遊戲結束後，請和孩子一同享受這個美味的蛋糕吧！

NOTE

這裡指的教具，可以是媽媽自己編一個故事來進行分類場景，例如有適合的故事書也可運用在這裡，或是利用玩偶來進行分吃蛋糕的場景。

裝飾樹木

難易度	★★★☆☆
材　　料	樹葉、免洗餐盒、樹枝、熱熔膠槍
適合年齡	4～8歲

| STEAM | 提升創客能力 |

🧪 SCIENCE
與孩子介紹樹葉掉落的原因、介紹樹的組成與樹葉的葉脈。

✋ TECHNOLOGY
比較樹葉的大小能培養寬度的量感，觀察樹葉的葉脈能加強理解花紋（規則性）。

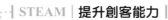

HOW TO

① 和孩子們一起到公園撿樹葉吧！

② 順便認識各種樹葉的變化。

③ 準備一個免洗餐盒，並在上面戳個洞。

④ 把樹枝插入免洗餐盒內。

⑤ 用熱熔膠槍把插入的樹枝與其他樹枝相黏合。

⑥ 用熱熔膠槍來黏樹葉，裝飾樹木吧！

NOTE

年紀較小的孩子在使用熱熔膠槍時，由家長來協助完成。

邏輯力

媽媽的生活，
這樣度過一天24小時！

▲▽

不管是誰一天都只有24小時，那媽媽該怎麼利用這段時間呢？
我發現結了婚、生兒育女之後，每天的生活就是以孩子們為中心。
特別的是，我發現媽媽吃飯的時間，總隨著孩子的成長不斷地在改變。
一直到孩子7歲之前，媽媽是沒有特定餐桌的，只要手上拿著碗筷，
隨處都是餐桌。

▲▽

在孩子剛出生的時候，不知道孩子什麼時候會哭，因此我的吃飯時間必須在5分鐘內就解決，與其說是「吃飽」，倒不如說是「塞飽」。雖然又不是在當兵，但我連咀嚼的時間都沒有就急忙吞下去，這個時期的用餐稱不上是品味，根本只是為了延續生命而吃的。

等孩子大了一點上幼稚園的時候，我的吃飯時間就在孩子們去上幼稚園之後。一早起來，打理好並送他們去完學校，我才有吃飯的時間，這時的早餐菜單，就是孩子們去幼稚園前所吃剩的食物。一直到孩子7歲之前，幾乎沒有媽媽特定的餐桌，只要手上拿著碗筷，走到哪都可以是媽媽的餐桌。

簡單地吃完飯後，接著又要整理家裡，整理完之後

稍微歇口氣，又到了孩子們幼稚園放學的時間。放學後和孩子們玩一下自製的媽媽牌遊戲、看看孩子們的作業本、準備點心、洗澡，轉眼間又到了晚餐時間。

晚餐還加上要準備老公的餐點，那就更加忙碌了，因為孩子們和老公喜歡的口味不同。準備他們各自喜歡的食物後，吃完晚餐又要整理收拾，接著馬上得準備哄孩子們上床睡覺。在孩子們熟睡之後，雖然腦中想著現在是到了該休息的時刻，但是拖著疲憊的身軀上床後，怎麼好像才剛闔上眼皮，鬧鈴聲馬上就響起了？「已經是早上了啊」……就像花栗鼠跑滾輪一樣，和昨日一樣奔波的早晨又開始了，忙到連看時鐘的時間都沒有，僅靠著窗外的天色來判斷時間，有陽光就是早上，變黑的話就是晚上。

雖然康德曾說過這個世界上最客觀的就是時間，但是每個人對時間有不同的運用方式，有人當12小時用，有人卻當48小時用。「那我的一天是要怎麼使用呢？」不論在生活中扮演著什麼角色，如何把24小時當作48小時來用，這都是每個人要思考的問題。

一直到孩子7歲之前，媽媽是沒有特定餐桌的，只要手上拿著碗筷，隨處都是餐桌。

足球桌遊

難易度	★★★☆☆
材　料	空箱子、綠色不織布、紙杯、迷你足球、磁鐵、孩子大頭貼、足球選手照片、護貝膜、熱熔膠槍
適合年齡	4～8歲

| STEAM | 提升創客能力 |

SCIENCE
能認識磁鐵的磁力，了解引力（不同極）與斥力（同極）。

MATHEMATICS
邊玩可以邊計算球的得分數，進行演算訓練。

HOW TO

① 將孩子們的大頭貼，貼在從報章雜誌剪下來的足球選手照片上。

② 步驟1用護貝膜包起來，拿去護貝。

③ 根據步驟2的輪廓，剪下後貼在磁鐵上。

④ 請將紙杯對切。

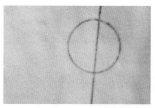

⑤ 在盒子內鋪上綠色不織布，營造草地的感覺，並畫上足球場的線條。

⑥ 剪下來的紙杯，就向球門一樣貼在兩側。

NOTE

足球選手照片可以從報章雜誌上剪下來，再將孩子們的大頭照貼上去。迷你足球玩具可以自製，或是用現成的小足球玩具代替都可以。

⑦ 把迷你足球玩具放進去，並用磁鐵來推球，讓孩子盡情享受遊戲吧！

手指戒指

難 易 度	★★★☆☆
材　　料	棉質手套、棉花、圓形指環、指甲貼片
適合年齡	5～8歲

┤ STEAM │ 提升創客能力 ├

SCIENCE
讓孩子比較沒有塞棉花、塞進棉花後的棉質手套。

MATHEMATICS
透過將手環套入適合手指大小的活動,能培養推理能力和問題解決能力,也能養成對圓形大小的量感。

HOW TO

① 準備好棉質手套。

② 將棉花塞進棉質手套裡。

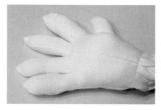

③ 棉質手套的開口處，用熱熔膠槍黏起來。

④ 接著用指甲貼片來裝飾手的指甲。

⑤ 請孩子們自己找出適合套入手指裡的指環大小。

NOTE

指環可以選擇圓形的彩色塑膠環，於網路上搜尋關鍵字「卡片環」便可以購得，使用卡片環來為棉花手套戴上戒指吧！

◎ 矛盾

你已經做的很好了，
懷抱感謝度過每一天！

▲▽

孩子們早上不斷在咳嗽，而且體溫也不斷升高了，
怎麼偏偏今天老公會這麼晚下班呢？這種日子讓我自己照顧孩子真是生氣，
雖然我很感謝老公為了家庭盡心盡力工作，
但在孩子生病的時候，獨自一個人照顧生病的孩子，
總是媽媽最忙也是最累的時候。

▲▽

這幾天連續在電視上看到因MERS（中東呼吸症候群）的死亡人數增加的新聞，孩子竟然在這個時候生病了，真的很怨恨一開始他們咳嗽的時候，我沒去藥房買藥給他吃、也沒帶他去看醫生。雖然現在已經餵孩子吃了藥，但已經連續五天燒了退、退了又燒，咳嗽也更加嚴重了，很怕咳到變成肺炎。不僅如此，孩子還突然開始拉肚子，接連幾天的發燒、肺炎、腸胃炎……一下就出現很多症狀。

我很擔心會不會是感染電視上所說的MERS……感覺和MERS的症狀差不多，內心七上八下突然變得很焦急。伴隨著不安感，趕緊帶孩子到醫院檢查後，幸好不是罹患MERS，但是拿到了發燒、咳嗽、腸胃炎等綜合處方箋後，看到孩子吊著點滴躺在急診室的樣子，後悔猶如潮水般襲來。

我應該不要讓他吃冰淇淋的、那天不應該讓他去玩水、早就該帶他去醫院的。想到孩子會生病無數的原因後，無法解決那些原因的罪人，竟然是媽媽我啊！好像全部都是我的錯，孩子生病的當下我像罪人一樣，一瞬間我從媽媽變成了罪人，為了孩子做了什麼也都想不起來，只想到沒把孩子照顧好。

我不是天生就是育兒達人，但從孩子出生叫我媽媽的那刻起，為什麼當孩子發生問題的時候，所有錯都會怪到媽媽自己身上呢？特別是孩子生病的時候，全天下的媽媽都會認為是自己的不對，總是覺得身為媽媽的自己做的不夠好，甚至喪失了自信心。

不是這樣的，轉換個想法吧！**如果媽媽自己都這麼悲觀的話，那就會一直喪失自信產生挫折感，認為自己沒把孩子顧好**。換個方法想，幸好不是MARS而是肺炎，只要住院治療沒多久就能痊癒，真是太好了！將內心的壓力與負面情緒換成這樣的想法，媽媽的內心就會變得更輕鬆，以輕鬆的心來照顧孩子，效率一定會比在挫折感籠罩下來照顧孩子更好。

小 提 籃

難 易 度	★ ★ ★ ☆ ☆
材　　料	膠帶軸心、鐵絲絨線（毛根）、錐子、膠帶、箱子、貼紙、剪刀
適合年齡	5～8歲

| STEAM | 提升創客能力 |

🖥 **TECHNOLOGY**
　利用簡單的道具，就能做出小籃子提起物品。

🔢 **MATHEMATICS**
　藉由裝飾膠帶軸心培養對於圓柱的量感，也能理解圓柱體的側面與底部的特徵。

① 準備幾個膠帶用完後，剩的膠帶軸心。

② 用錐子在膠帶軸心的兩側鑽洞。

③ 在紙箱上畫出跟膠帶軸心相同大小的圓圈，然後把它剪下來。

④ 與孩子一起用貼紙、各種材料，來裝飾這個膠帶軸心吧！

⑤ 請將步驟3貼在膠帶軸心的底部。

⑥ 將鐵絲絨線穿過膠帶軸心上的洞孔，當作小提把。

⑦ 與孩子一起玩商店遊戲，來活用小提籃吧！

NOTE

鐵絲絨線又可以稱為「毛根」，上網搜尋關鍵字「毛根」即可購得。

襪 子 魚

難易度	★★★☆☆
材　料	襪子、橡皮筋、眼睛貼紙、棉花、筷子、鞋帶、磁鐵、熱熔膠槍
適合年齡	4～9歲

| STEAM | **提升創客能力** |

SCIENCE
透過利用磁鐵玩釣魚遊戲，能認識物體拉扯的力量（引力）。

MATHEMATICS
邊計算釣到的魚隻數量邊練習算數，學習一對一配對（對應）的方式。

HOW TO

① 準備好多雙襪子。

② 將襪子裡塞進2/3的棉花。

③ 棉花往裡面擠一下，再用橡皮筋綁起襪口，襪口可以留多一點位置，作出像魚尾巴的感覺。

④ 在每個襪子魚上，貼眼睛貼紙。

⑤ 將鞋帶一頭綁上筷子，另一頭綁上磁鐵。

⑥ 在襪子魚上方，用熱熔膠槍黏上磁鐵。

⑦ 和孩子一起來玩釣魚遊戲吧！

讓孩子除了看書還能玩書，
慢慢培養閱讀的興趣！

孩子能多看點書的話該有多好啊？相信這是全天下媽媽的期望，
孩子們多讀書是好事，因為讀的書全都會成為孩子的知識財產，
雖然大家都知道多讀書對孩子好，但是要怎麼做才能讓孩子們多讀點書呢？
這應該是每個媽媽都想知道的答案吧！

　　小孩子的玩具種類真的很多，汽車、模型、樂高等各式各樣，這些玩具媽媽平常就會買給孩子。但是最近和電視卡通結合的玩具又更多了，孩子看的電視動畫節目中，有無數個玩具廣告，每次孩子都吵著要我買這些玩具給他們。假如真的是對他們有助益的東西，我一定是會買的，但孩子每次看到什麼、就吵著要買什麼的話，真的讓我很頭痛。

　　我看著客廳的玩具收納箱充滿了各種玩具，客廳就像是孩子們的遊樂場一樣，玩具不斷地增加。孩子玩玩具的時間變多了，但看書的時間卻變少了，這樣下去不行，該是我採取新措施的必要了！首先要做的，就是將「客廳私塾化」。

　　因為孩子們主要的生活空間，並不是在他們的房間

裡，而是在客廳，例如在客廳吃飯、玩玩具、跑跳玩樂等。所以客廳最需要變化，請把原本放在客廳的玩具，拿一部分起來裝在塑膠袋裡，收到房間裡。接著再拿一些孩子們的書籍放到客廳，這樣他們雖然一開始會從小房間拿玩具出來玩，但過了幾天就會開始拿客廳裡的書玩了。孩子們此時並不是讀書，而是把書當成玩具，例如用腳踩書、跳過去、疊起來等方式，他們把書當玩具在玩。

這樣的目的正是要讓孩子們和書拉近距離，此時媽媽可以在一旁鼓勵，並建議一些其他遊戲的方法。

「哇！這書疊得真好，那麼這次要用書來疊成其他的樣子嗎？」

抓著孩子的手一起翻著書，像保齡球瓶一樣立起來，用球來擊倒那些書。甚至可以從倒掉的書中，挑一本唸給孩子們聽，這樣孩子們為了看想看的書，就會先提議玩「書的遊戲」。「書的遊戲」就這樣開始了，**這遊戲對孩子而言，讓書本不再是只能用來看又枯燥乏味的對象，它也能是個有趣的玩具，然後他們就能很自然地開始讀書，久而久之變成一種興趣，用這樣的方式培養孩子讀書習慣。**

每次孩子都吵著要我買玩具給他們，假如真的是對他們有助益的東西我一定會買，但孩子每次看到什麼、就吵著要買什麼的話，真的讓我很頭痛。

自製故事書

難 易 度	★★☆☆☆
材　　料	A4紙、剪刀、釘書機、貼紙、鉛筆、絕緣膠帶
適合年齡	6～8歲

-| STEAM | 提升創客能力 |-

ART

藉由生活中的故事，並試著説出隱藏中的數學和科學，能培養字彙能力。

HOW TO

① 準備多張A4紙。

② 將準備好的紙全都裁切成一半。

③ 裁切好的紙照著同一個方向整理好後，用釘書機將邊邊釘起來。

④ 用絕緣膠帶將釘書機固定的部分黏貼起來。

⑤ 讓孩子在故事書封面與內頁，貼上他們自己喜歡的貼紙。

⑥ 引導孩子在貼紙周圍畫畫，並寫下故事。

NOTE

在網路上搜尋關鍵字「絕緣膠帶」即可購得。貼紙的部分，則可以準備多張孩子喜歡的貼紙，例如卡通人物、動物、花草植物等，開始發揮創意創造一本專屬孩子的故事書吧！

⑦ 讓孩子一邊閱讀各種故事，說出彼此的感想。

牛奶盒筆筒

難 易 度	★★★☆☆
材　　料	牛奶盒、剪刀、熱熔膠槍、冰棒棍、孩子的照片
適合年齡	7～8歲

| STEAM | 提升創客能力 |

🎨 **ART**

準備各種顏色的冰棒棍後，發揮巧思來裝飾它。

🔢 **MATHEMATICS**

計算黏貼在牛奶盒側面的冰棒棍根數，能理解立體圖形的表面積概念。

① 準備牛奶盒。

② 準備有顏色的冰棒棍，並測量一下牛奶盒的高度，比冰棒棍的長度稍微短一點來剪下。

③ 將冰棒棍黏在牛奶盒上。

④ 反覆地將牛奶盒的每一面，都黏上冰棒棍。

⑤ 請孩子將自己的照片，貼在牛奶盒的前面。

⑥ 照片上方用冰棒棍做出相框，牛奶盒筆筒就完成了！

NOTE

市售冰棒棍大都是原木色的，可以自行使用水彩顏料在冰棒棍上塗色，或是讓孩子畫上喜愛的花紋，創造獨一無二的牛奶盒筆筒吧！

用心去感受，
孩子們所做的努力！

你知道孩子們對於成長，自己有多努力嗎？
他們從出生開始就一步步努力著，從抬頭、翻身開始，
漸漸爬行然後開始想要站立行走，為了站起來而跌倒不下數千次，
抓住媽媽的膝蓋支撐著。與其比較各個孩子的成長速度，
他們在成長的過程，更需要的是媽媽的鼓勵。

　　孩子們的發展階段雖然差不多，但是發展順序多少
有些差異，有時媽媽們不免會和鄰居的孩子或親朋好友
的孩子互相比較。誰的脖子硬了？誰先會抬頭了？誰會
走路了？誰會叫媽媽了？大部分的媽媽，非常關心自己
的孩子與同齡的孩子相比，發育程度是快還是慢，但往
往在互相比較的同時，忽略了孩子對成長所做的努力。

　　當孩子5歲的時候，我看著他們的睡顏還真是百感
交集，一邊想著自己所付出的辛苦回憶，卻突然在某個
瞬間發現，不是才剛生出來、牙牙學語的孩子嗎？竟然
在不知不覺中已經長大了？在那個瞬間，讓我的眼淚不
禁流下。

　　孩子們從出生開始，就努力的想要長大，為了站起
來跌倒不下數千次、為了想站立而努力地抓住媽媽的膝

蓋，但是我們卻很常忽略孩子所做的努力。若是當下我知道孩子們所做的努力，我一定會更加擁抱他們、多包容他們、更理解他們……而不是只為了自己的辛苦付出在感嘆，意識到這點後，我不禁對自己感到很羞愧。

孩子為了站起來，好幾次抓著東西努力支撐著，當他們跌倒的時候，媽媽們也該給他鼓勵和勇氣吧？**當我們的孩子挑戰目標的時候，媽媽們與其計較和其他孩子的成長速度，更應該用溫暖的心去擁抱我們的孩子。**

「孩子啊，媽媽相信你、支持你！」
我想要讓你知道，媽媽會看到你所做的一切努力，並且永遠給你鼓勵加油打氣。

為什麼我忽略了孩子成長的模樣？若是知道孩子們正在做的努力，我一定會更加擁抱他們、多包容他們、更理解他們……

瓶蓋遊戲

難 易 度	★★★☆☆
材　　料	寶特瓶、牛奶盒、剪刀、魔鬼氈
適合年齡	3～7歲

| STEAM | 提升創客能力 |

🎨 ART

利用牛奶盒、寶特瓶的手作遊戲，培養空間知覺能力和空間感。

🔧 ENGINEERING

找到適合各種瓶子的瓶蓋，比較瓶蓋大小，旋轉蓋子的同時能比較眼睛和手的協調性。

HOW TO

① 請準備大、小牛奶盒和2個寶特瓶。

② 將大牛奶盒做成四方形的模樣，並把開口處給壓扁。

③ 在大牛奶盒上面，放置寶特瓶、小牛奶盒。

④ 對應各瓶子的位置後，請用美工刀在大牛奶盒上挖洞，把小牛奶盒和保特瓶給放進去。

⑤ 打開小牛奶盒的開口處，黏上魔鬼氈。

⑥ 請先將寶特瓶的蓋子都放在一旁。

⑦ 找蓋子教具就完成囉！可以和多個不同的蓋子混在一起，請孩子找出適當的蓋子來配對吧！

⑧ 請孩子們找出對的蓋子，並蓋上它。

襪子拼圖

難 易 度	★★★☆☆
材　　料	落單的襪子、箱子、剪刀、熱熔膠槍、魔鬼氈
適合年齡	3～7歲

| STEAM | **提升創客能力**

TECHNOLOGY
藉由襪子配對的活動，培養推理能力和問題解決能力。

ART
讓孩子找到配對的襪子，或是搭配出其他的設計，擴大思考能力。

HOW TO

① 剪下箱子較厚的部分。

② 用不織布將箱子包起來。

③ 準備好落單的襪子。

④ 請隨意地將襪子剪成2等分或是3等分。

⑤ 請用熱熔膠槍將襪子的上半部黏在不織布上。

⑥ 剩下的襪子，請在背面用熱熔膠槍黏上魔鬼氈。

⑦ 襪子拼圖教具完成囉！

⑧ 除了讓孩子玩襪子拼圖，還可以發揮創意讓襪子搭配出不同的設計喔！

NOTE

較危險的切割剪裁、熱熔膠槍黏貼動作，請由家長來完成。

PART 3

瞭解愛與人際關係，
提升情感凝聚力！

就算沒有錢，
也希望給孩子最好的！

媽媽總是會把「沒錢」這句話掛在嘴邊。
在孩子2歲的時候，會因為奶粉錢和尿布錢很貴，而沒有錢買其他東西。
在孩子3歲的時候，會因為孩子的有機零食很貴，而沒有錢買其他東西。
在孩子5歲的時候，會因為要買給孩子的玩具很貴，而沒有錢買其他東西。
在孩子7歲的時候，會因為孩子的書錢很貴，而沒有錢買其他東西。

　　總是因為錢都花在孩子身上，而沒有錢買其他東西，特別是當孩子上了小學之後，學費或其他才藝費用也會越花越多，因為從孩子出生開始，媽媽們總是希望能給小孩最好的，能用最好的方式來照顧孩子，這就是每個媽媽的期望不是嗎？

　　生下孩子後，一開始我們希望他健健康康地出生，所以在韓國，有很多胎兒的小名都會叫「小健康」，我也是在流產過後，再次懷老二的時候，把他的小名取作「小健康」。那時只希望他健健康康地出生，但是當孩子逐漸長大的同時，原本只希望他健康成長的小心願，不知不覺也越變越多，有時甚至希望孩子能再聰明一點就好了，這類的慾望越來越多，但這樣的慾望只會讓媽媽的肩膀更沉重。

希望孩子能健健康康地出
生，但是等孩子越長越
大，對他的期望也越來越
多。

孩子誕生後，一開始只希望他能健康地出生，但是
等孩子越長越大，對他的期望也越來越多。媽媽總是希
望給孩子最好的，但因為受到社會上現實競爭的影響，
希望孩子有競爭力、不要被欺負，所以在教育與培育孩
子的路上，總是會有沉重的壓力。

　　**希望每個媽媽們，不要忘了那個希望孩子好好成長
的初衷**，雖然有時候會因為被現實而加諸許多壓力，但
相信每個媽媽們，都是希望孩子在成長之路上，能獲得
最好的養分長大。

紙杯螃蟹

難 易 度	★★★★☆
材　　料	紙杯、剪刀、彩色鉛筆
適合年齡	6～8歲

---| STEAM |提升創客能力|---

🎨 ART
　　在繪製螃蟹的過程，能夠辨別螃蟹的特徵與雌雄。

📐 MATHEMATICS
　　可以知道螃蟹有幾隻腳，也能理解腳和眼睛的對稱關係。

HOW TO

① 準備好紙杯。

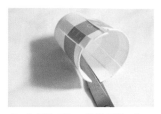

② 由紙杯開口處剪到杯底，這時請左、右邊對稱，剪成5等分。

③ 用剪刀剪出螃蟹腳、螯等模樣。

④ 請用彩色鉛筆著色。

⑤ 讓孩子畫出公螃蟹和母螃蟹，使其瞭解螃蟹的特徵。

NOTE

如何辨別螃蟹雌雄呢？最簡單的特徵就是腹部，公螃蟹的腹部為三角尖形（如步驟5的第一張圖片），而母螃蟹的腹部則呈圓形或橢圓形（如步驟5的第二張圖片）。請孩子畫出螃蟹的特徵，讓其了解如何分別螃蟹雌雄。

紙盤花

難易度	★★★☆☆
材　　料	吸管、剪刀、彩色鉛筆、免洗紙盤
適合年齡	4〜8歲

| STEAM | 提升創客能力 |

TECHNOLOGY
將紙盤花插在吸管上，試著找出平衡點。

ART
試著表現出花的圖案、葉子等模樣，每個孩子做出來的花都不一樣，請試著說出對方所做的花有哪些特色。

HOW TO

1 準備多個紙盤。

2 將紙盤對摺，外圍用剪刀剪成花瓣的模樣。

3 請孩子在盤子上方畫出花的圖案。

4 在吸管的上方與下方，各用剪刀剪一條缺口，約6～8公分。

5 將做好的紙盤花插在步驟4的吸管缺口上。

6 再拿出另一個紙盤，剪出葉子的形狀後，插在吸管下方。

7 每個孩子畫的花都不會一樣，請孩子發揮創意與巧思，完成紙盤花吧！

爸爸

爸爸在孩子的心中，
有這麼可怕嗎？

▲▽

大概因為爸爸的語氣比較嚴肅、聲音比較粗，
所以只要聲音稍微大一點，就會感到很可怕，
因此似乎所有的小孩，都很怕爸爸？
只要透過簡單的引導，也能讓爸爸和孩子的關係有微妙的變化！

▲▽

週末全家去超市的時候，孩子們在電梯裡面嬉戲，突然傳來爸爸高亢的聲音。

「小勳！小聲一點！後面還有人！」

爸爸無法忍受他人異樣的眼神，於是大發雷霆，孩子們也停止玩笑，身子縮了起來。

幾天後，是所有親戚的聚會，一個叔叔調皮的問說：「是爸爸可怕？還是媽媽可怕？」

沒想到孩子們連1秒的思考時間都沒有，就很果斷地回答說：「爸爸！」。

孩子們這意外的回答，我也有點驚訝。雖然說我很常和孩子們玩，但是也很常對他們碎念，所以當然會以為對孩子們來說，最可怕的會是媽媽。

「為什麼爸爸更可怕？」

「因為媽媽會跟我們玩，只有我們做錯了才會罵我們，可是爸爸是一直都很可怕！」

聽到這句話的我們，瞬間腦袋一片空白，就連爸爸也嚇到了。從那天之後，爸爸開始努力想更親近孩子們，但是因為和孩子們相處的時間不多，要怎麼和他們玩呢？所以一開始的時候非常慌張。這個時候就必須由媽媽在一旁，給予些小提示，必須告訴爸爸與孩子玩樂的方法，或是偷偷用簡訊事前告知孩子喜歡的事情。

「爸爸，今天在賢說想要去踢足球。」

「他說今天想吃巧克力。」

下班後回到家中的爸爸，靠著媽媽給的小提示後，就能夠一點一點親近孩子們。

「今天和爸爸去踢足球吧！」

「今天和爸爸去買巧克力吧！」

孩子們對於爸爸知道他們的心意、並且開始陪同他們的這件事有點嚇到，但無法隱藏的是他們內心的喜悅。

從簡單的小動作開始一點一滴的做起，就能讓爸爸和孩子的關係有微妙的變化，就算每天陪伴的時間不多，但一個星期裡抽空1～2次陪伴孩子做某些事，這樣努力的爸爸在孩子心中也有了改變，孩子們恢復了和爸爸的關係。搞不好現在孩子們的記憶中，在電梯裡那爸爸生氣的模樣，應該也慢慢地消逝了呢……

氣球拳擊

難 易 度	★☆☆☆☆
材　　料	氣球、毯子
適合年齡	3〜8歲

| STEAM | **提升創客能力 |**

🧪**SCIENCE**
　雖然氣球很容易破，但可以藉此告知孩子，不易破的氣球之原理（氣壓和彈性）。

HOW TO

① 請將毯子攤開。

② 把氣球放在攤開的毯子上。

③ 抓起毯子的四個角，把氣球集中到正中央。

④ 爸爸將毯子包起來後，孩子們用手和腳來打毯子裡的氣球。

⑤ 讓孩子們開心地玩耍，也能夠消除壓力。

⑥ 偶爾也可以讓孩子們，感受到爸爸有趣的攻擊。

NOTE

要怎麼樣讓氣球比較不會破呢？盡量不要吹得太飽就行了。另外，也可以和孩子玩「刺不破」的氣球遊戲，吹飽氣球後，剪下一段約1公分長的膠帶，貼在氣球表面上，將針刺進貼有膠帶的地方，就會讓氣球刺不破喔！

巧克力賓果

難 易 度	★★☆☆☆
材 料	塑膠袋、色紙、有圖案的巧克力餅乾
適合年齡	3～6歲

| STEAM | 提升創客能力 |

ART
觀察畫在巧克力餅乾上的各種圖案。

MATHEMATICS
理解圖形的概念，能培養活用的能力。

HOW TO

① 請將色紙攤開在桌子上。

② 將攤開的塑膠袋，放在色紙上。

③ 上面放上巧克力餅乾後，給孩子們觀察的時間。

④ 接著讓孩子各自擺放好橫5個、直5個，共25個巧克力餅乾。

⑤ 彼此喊出巧克力餅乾上的圖案，喊到的圖案就拿起放在盒子裡，最快沒有巧克力餅乾的人即勝利！

NOTE

餅乾不限於一定要巧克力口味，可依喜好自行選擇，但重點是希望餅乾上面有圖案，讓孩子觀察上面的各種圖案（當然喜歡烘焙的家長，也可以自製餅乾）。

用輕鬆無負擔的方式，
拉近與孩子間的距離！

「媽媽牌遊戲」是指媽媽與孩子用簡單道具，製作出的遊戲教具，
這是媽媽和孩子間的情感交流，所需要的遊戲活動。
說穿了其實這只是「在家裡自由地和孩子們一起玩耍而已」。
每個媽媽都可以選擇，用最輕鬆的方式和孩子互動，
我選擇的就是沒有壓力，與孩子一起自製遊戲的輕鬆玩耍方式。

　　我每天都會在部落格分享自製的「媽媽牌遊戲」，也有收到許多媽媽，對此感興趣並提問，在這之中被問到最多的是：「妳都沒送小孩去幼稚園，都在家自己教嗎？」遇到這種問題，我的回答始終如一：「當然也有送幼稚園，但幼稚園是個培養社會性的地方，所以與其叫他們在學校多學習，我反而叫他們在學校跟朋友好好玩。」孩子們在幼稚園這小型社會裡，會學到很多和同年齡人的關心、感恩、猜忌、嫉妒等等……其中比起學知識，我認為更重要的是培養孩子與他人的互動、人際關係的培育。

　　我在家做的「媽媽牌遊戲」並不是為了要多教孩子一點、或是多讓他們學習一點，而是為了媽媽和孩子間的情感交流所需要的活動。身為撫養兩個木訥兒子的媽媽，需要有和孩子對話的時間，也想要更加理解孩子的內心、想要建立共鳴，所以才開始了「媽媽牌遊戲」，透過媽媽牌遊戲便能知道孩子喜歡什麼、知道適合他們的是什麼，我只是想成為他們最好的朋友而已。

　　媽媽的愛很重要，很多研究報告都顯示，人在小時候所得到的愛，會在成長的過程中有著強烈的影響。

我所做的「媽媽牌遊戲」並不是為了要多教孩子一點、或是多讓他們學習一點，而是為了媽媽和孩子間的情感交流所需要的活動。

但是每個人對愛的表現都不大相同，不是說以「媽媽牌遊戲」就能100%達到孩子和媽媽的交流，而且我也不保證玩這些遊戲，就能讓孩子變得更聰明。但是藉由「媽媽牌遊戲」，對孩子來說能有更多的刺激，也能有更多與媽媽相處的互動時間，就單純因為這些理由，所以我喜歡和孩子玩「媽媽牌遊戲」。

其實你不一定非得和孩子玩「媽媽牌遊戲」，就算只和孩子一起手牽著手散步、抱著睡覺，相信也能和孩子有所交流，「媽媽牌遊戲」只是和孩子在多元化交流中的一種方式而已，我總是抱持著輕鬆的心態，在家裡自由地和孩子們一起玩耍。

每天早上和孩子去搭幼稚園校車時，我會和孩子聊天。
「今天放學想要玩什麼？」
對於今天要玩的「媽媽牌遊戲」，我會給孩子優先權，這樣的話就算是和媽媽一起玩，但優先權是在孩子身上。

每天孩子去上課後，我會準備孩子們想要玩的物品，孩子放學後回來等著玩就行了。以前我會陷入「今天該玩什麼才好？」的煩惱裡，所以會安排遊戲計畫，但也因此有了壓力，當和孩子玩這件事變成有壓力，那媽媽與孩子都不會開心。因此我決定每天早上直接問孩子，那天要玩什麼遊戲？在遊戲的空間裡不要帶著壓力，媽媽放鬆孩子才會放鬆。

在孩子先伸出手前，自己先伸出手，找找接近孩子的方法吧，孩子一定會想要抓住你的手，與你的關係越靠越近。

羽球遊戲

難易度	★★★☆☆
材　　料	保麗龍球、橡皮筋、塑膠袋、絲襪、麻繩
適合年齡	6～8歲

| STEAM | 提升創客能力 |

SCIENCE
因為羽毛球容易受風向影響而改變動向，讓孩子能夠感受到速度和變化。

TECHNOLOGY
玩相互丟接的羽毛球遊戲很不錯，讓孩子獨自抓住中心拍球的同時，也能知道中心位置。

HOW TO

① 請準備好保麗龍球，並用塑膠袋包起來。

② 將步驟1的球用橡皮筋給綁起來。

③ 塑膠袋尾端的部分，用剪刀剪成像雞毛狀。

④ 請將衣架拗成圓形狀。

⑤ 用絲襪套在步驟4上當作球拍。

⑥ 握把的部分，請用麻繩給捆綁起來。

⑦ 利用自製的羽球道具，開心的與孩子玩遊戲吧！

足球遊戲

難 易 度	★★★☆☆
材　　料	防撞空氣條、色紙、雙面膠、紙箱、膠帶
適合年齡	3～5歲

┤ STEAM │ 提升創客能力 ├

🔬 SCIENCE
知道防撞空氣條內空氣的原理，透過空氣了解防撞空氣條削減撞擊的原理。

🎨 ART
認識足球的圖案並請孩子照著畫畫看，可與棒球、足球、籃球、排球等圖案進行比較。

HOW TO

① 先讓孩子感受一下裝有空氣的防撞空氣條。

② 將防撞空氣條捲起來。

③ 尾巴的部分用膠帶黏起來固定。

④ 用色紙剪出足球的圖案，並用雙面膠貼上。

⑤ 踢進紙箱就得分！和孩子開心的玩足球遊戲吧！

NOTE

這裡使用的防撞條，大部分是網路購物時，紙箱裡會塞入的透明色防撞袋（一般也稱防撞空氣包、防撞空氣袋），大部分人會刺破後丟掉，但是只要發揮巧思加工，就能變成和孩子一起互動的有趣遊戲。

友情

最快的學習方式，
就是讓孩子們互相激勵！

▲▽

許多媽媽希望讓孩子擁有手足，
孩子們的成長過程，若有手足一起陪同學習、嬉笑打鬧，
他們不僅僅是一起玩耍而已，雖然有時候會爭執，
但更多時候他們會一起看書、一起學習、互相陪伴。
彼此互相激勵的同時，也加強了他們的學習能力。

▲▽

　　結婚生下第一個小孩後，我便馬上計畫要生第二
胎，因為我覺得年齡相近、一起養的話會比較好，於是
第一個孩子滿周歲後，我就照著計畫懷了第二胎。可是
打從懷孕一開始，大兒子每天都吵吵鬧鬧，而當我問孩
子說：「假如有弟弟（妹妹）的話，你會怎麼樣？」，
孩子卻表現出討厭的樣子，並把頭轉過去，那之後過沒
多久我便流產了。呆呆地流著淚水，就像是我的錯一
樣，後悔的回憶湧上心頭，應該要多吃一點有營養的東
西、不應該太勉強、要多休息。

　　流產後又過了幾周，大兒子好像知道弟弟（妹妹）
沒有了，就又回到了從前的樣子，不再吵吵鬧鬧，吃
好、睡好，像平常一般，真的是很神奇。但是我已經下
定決心想要第二個孩子了，即便再困難心中也無任何雜
念了，很快地又再次傳來第二個孩子的消息。

　　這次大兒子和上次不一樣，當我告訴他肚子裡有個弟弟時，大兒子竟然會抱抱他、親親他，不會對他太好了點嗎？神奇的程度真令人起雞皮疙瘩，是因為打從肚子裡有胎兒的時候，就讓他認識到弟弟（妹妹）的存在嗎？一直到現在，大兒子也不會欺負弟弟。

　　孩子擁有手足後，雖然偶爾會吵嘴，但頂多3～5分鐘而已，轉過頭又變成一起嬉笑打鬧的朋友，還會一起看書、玩教具、玩「媽媽牌遊戲」。除此之外，兩個人雖然一起學東西，但卻會有不一樣的感受，因為每個孩子的個性及學習力都不相同，**有手足或朋友一起學習，有問題的話便能互相詢問，有時也會互相競爭，但這樣的競爭反而可以加強彼此的學習能力。**

　　舉例來說，弟弟總是在一旁看著學著漢字的哥哥，漸漸地開始對漢字越來越熟悉，某一天甚至在哥哥的背後讀起了漢字，原來弟弟因為老是看著哥哥在學習，內心非常羨慕，所以也開始自動自發地學習漢字。有一次哥哥在準備漢字考試，他坐在書桌前看著書，沒想到剛睡完午覺的弟弟，眼睛都還沒完全張開，就坐到哥哥的旁邊一起看著漢字書，我想這就是「耳濡目染」的最好詮釋吧！

　　兩個孩子在不知不覺中，除了是朋友，也以競爭對手般相互刺激對方，雖然偶爾會互相嫉妒、爭吵，但當孩子越長越大，他們便自然而然會成為彼此最佳的學習對象。

水球果實

難 易 度	★★★☆☆
材 料	水球、泡棉管、大頭針、線、水、絕緣膠帶
適合年齡	4～8歲

┤ STEAM │ 提升創客能力 ├

🧪 SCIENCE
了解氣球中心，被針插進後破掉的原理。

🎨 ART
發揮創意，用氣球來裝飾只屬於孩子們的樹吧！

🔢 MATHEMATICS
比較根據不同水量的氣球重量，來培養對於重量的量感。

HOW TO

① 準備多顆氣球。

② 在氣球裡面裝水。

③ 用線把水球一個一個綁起來，製作成水球果實。

④ 將絕緣膠帶貼在浴室牆上，製作出樹的枝幹。

⑤ 在泡棉管貼上大頭針，使其能夠投擲。

⑥ 用膠帶將水球果實，黏貼在裝飾好的樹幹上。

⑦ 調整好間距後，用飛鏢來射水球果實吧！

NOTE

「泡棉管」購入方式：上網搜尋關鍵字「泡棉管」，或到手工藝材料行即可買到。

水上遊戲

難 易 度	★★★☆☆
材　　料	牛奶塑膠罐、乒乓球、釘子、老虎鉗、刀片、熱熔膠槍
適合年齡	2～4歲

| STEAM | 提升創客能力 |

SCIENCE
水從洞口流出來的同時，讓孩子了解因為乒乓球比牛奶塑膠罐的洞口要大，所以會卡住流不出來。

ENGINEERING
利用牛奶盒道具，一次撈起許多浮在水面上的乒乓球。

HOW TO

① 請準備一個牛奶塑膠罐。

② 用刀片將牛奶塑膠罐切割成一半。

③ 留下有握把的上半部。

④ 利用老虎鉗夾住釘子，在牛奶塑膠罐上面鑽洞。

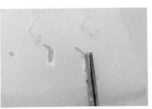

⑤ 請媽媽用剪刀修平尖銳的部分。

⑥ 用熱熔膠槍將蓋子黏緊。

⑦ 請孩子用做好的牛奶塑膠罐，舀起在水裡載浮載沉的乒乓球吧！

NOTE

步驟4可以鑽出一些不同的洞孔，例如長條型、圓型，讓孩子觀察水從洞孔流出的模樣。

紙漱口杯

難易度	★★★☆☆
材　　料	牛奶盒、圖形貼紙、剪刀
適合年齡	3〜8歲

STEAM │ 提升創客能力

ENGINEERING
試著做出能夠便於使用的漱口杯把手吧！

ART
利用各式各樣的圖案，製作出只屬於自己的漱口杯。

HOW TO

① 將牛奶盒洗淨備用。

② 以牛奶盒底部為中心，裁成杯子的高度。

③ 將牛奶盒剩下的部分拆開，請做出D的圖樣，需要兩個。

④ D圖樣的裡面也要挖空。

⑤ 將D字黏貼在四方形的牛奶盒上，就能當把手使用。

⑥ 變成杯子囉！

⑦ 試著讓孩子利用圖案貼紙來裝飾。

⑧ 因為是孩子們自製的漱口杯，這樣除了讓孩子增加自信，也能自然養成刷牙的習慣。

比起物質慾望，
父母的陪伴更重要！

每個小朋友都喜歡玩具，但是玩具總是推陳出新，買都買不完。
比起這些物質產品，父母陪伴孩子獲得的情感凝結力，才是最珍貴的東西。
雖然這些東西肉眼看不到、金錢買不到，孩子也無法帶去學校炫耀，
但是卻能讓孩子了解，這些專屬於自己與父母的東西，才是最重要的。

　　小兒子小勳6歲的時候，有天從幼稚園一回到家裡就開始說個不停。

　　「媽媽，民秀他每個系列的機器人和樂高都有耶！他說他的爸爸、媽媽都會買給他。」

　　「哇啊～真的好帥氣喔！那小勳也很想要吧？」

　　「沒有啦，因為民秀把機器人帶去幼稚園，結果被老師罵了。」

　　「沒錯，不能帶玩具去幼稚園，但你不是也想要那個玩具嗎？」

　　「是很想玩啊，但也沒有很想……」

　　「為什麼？想要的話就是想要吧，想要又不想要這是什麼意思呢？」

　　「啊～就是有也可以，沒有也沒關係的意思。雖然民秀的爸爸媽媽都會買玩具給他，但是我有媽媽會陪我玩啊！民秀是因為爸爸媽媽都很忙，所以才會買很多玩具給他。」

「啊～那麼小勳喜歡和媽媽玩嗎？」

「喜歡！」

最後那短短的一句話，不知道是不是出自孩子的內心，我聽到的時候眼眶不禁流下感動的眼淚。雖然民秀的玩具很帥氣，但是與玩具相比，媽媽陪伴孩子獲得的情感凝結力，才是讓孩子感受到最重要的東西。雖然這個是沒有辦法讓別人親眼看到所炫耀的東西，但是**我很感謝孩子知道，這個屬於我和孩子的「媽媽牌遊戲」時光，其實比什麼都珍貴。**

孩子長大的同時，總是會有被物質所動搖的瞬間，每每那時候只希望孩子能不要被動搖。媽媽真心希望你們能不被物質慾望所誘惑，因為其實那些看不到、不起眼的東西，反而比包裝華麗的物質更珍貴。

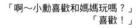

「啊～小勳喜歡和媽媽玩嗎？」
「喜歡！」

方糖畫

難 易 度	★☆☆☆☆
材　　料	方糖、水、裝水的盤子、彩色筆、噴霧器、廚房紙巾
適合年齡	3～7歲

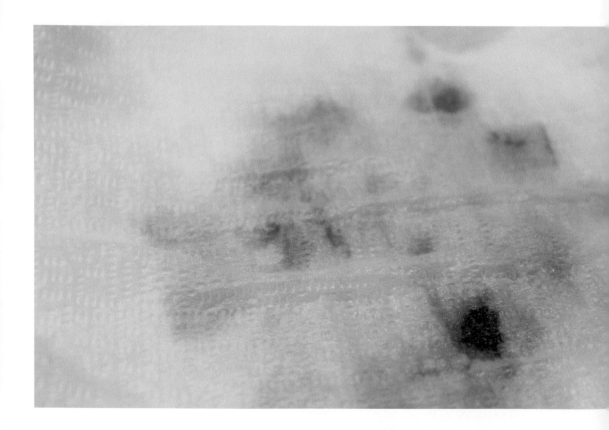

| STEAM | 提升創客能力 |

SCIENCE
讓孩子理解廚房紙巾的渲染現象。

MATHEMATICS
依據方糖多種顏色和個數，畫出不同的方糖畫。

HOW TO

① 請準備幾顆方糖。

② 在方糖上用彩色筆，塗上花花綠綠的顏色。

③ 將畫好顏色的方糖，放在盤子上。

④ 在盤子裡裝水。

⑤ 蓋上廚房紙巾。

⑥ 在廚房紙巾上，用噴霧器噴水。

⑦ 請孩子觀察廚房紙巾上，漸漸被顏色渲染的過程。

NOTE

方糖遇到水會融化，將塗上顏色的方糖蓋上廚房紙巾，再噴上水讓方糖融畫，就能讓孩子觀察到顏色渲染在紙巾上的過程。

貝殼化石

難 易 度	★★★★☆
材　　料	石膏粉、蛤蜊殼、筷子、碗、水、紙黏土、水彩
適合年齡	4～8歲

| STEAM | 提升創客能力 |

🧪 SCIENCE
在製作化石的同時向孩子介紹原理，化石就是各種生物的遺體所形成的沉積物，經物理和化學作用改變後，成為沉積岩而形成化石。

🔢 MATHEMATICS
親自製作化石的同時，試著測量貝殼的大小和體積。

HOW TO

① 將蛤蜊殼洗淨備用。

② 在空碗裡塞滿紙黏土。

③ 把蛤蜊殼壓進紙黏土裡。

④ 石膏粉和水混和後，攪拌至濃稠狀成石膏漿。

⑤ 繼續在石膏漿裡加入水彩拌勻。

⑥ 把石膏漿倒入步驟3。

⑦ 等石膏變硬跟紙黏土脫離後，與孩子一起觀察貝殼化石吧！

NOTE

紙黏土是以紙漿混合樹脂和黏土所製成，是很常見的捏塑素材，透過加水、用手捏塑、或使用各種工具，可讓它變成不同的形狀，但是當它乾透以後，便不能再使其形狀改變。

體貼

讓孩子從小，
就懂得體貼與關懷！

這個社會並不是獨自一個人就能生活的，
因此我覺得孩子要學習的反而是群體生活的技巧，
如果自私地不懂得照顧別人，是不會有任何朋友的，
最後只會獨自一個人生活。
關懷別人的心更加重要，「體貼與關懷」是必須讓孩子從小就學會的事。

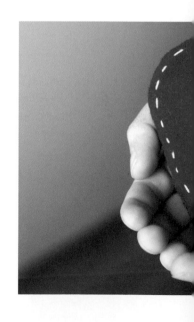

　　大兒子在賢即將上小學了，小學和幼稚園不同，因為幼稚園的老師會全心全意配合孩子、照顧孩子，但是上小學後，學校有嚴格的校規，在那裡孩子要自己適應。我很擔心在不一樣的環境下，在賢是否能夠好好適應呢？正在擔心之際，剛好收到通知說學校有觀摩課程，能夠讓父母親自到學校觀看孩子的校園生活，這真是個令人高興的消息！我很期待觀摩課程，在賢也對我能到學校看他們的校園生活，感到非常興奮。

　　當天在賢一再提醒我不要遲到後，就先去上學了，觀摩時間到我進入教室後，看到每個孩子們兩個一組坐著聽課，並以小組課程進行，小組課程必須4個人為一組一同討論，一起解決課堂上的問題，而且為了要能夠看到對方的表情，必須將各自的書桌和椅子轉過來圍成「口字形」。在賢很熟悉的轉動自己的桌子及整理好位

置，但是卻沒有馬上在自己的位置上坐下，反而朝著某位女生朋友走過去了？原來那位女生朋友的椅子，被桌子絆住動不了且不知如何是好，我看到他走過去把被書桌絆住的椅子拉開，並將桌子和椅子幫忙移動成小組位子的模樣。

我很好奇在賢為什麼朝著那位朋友的方向走過去，難道是對那個女生有好感嗎？我忍不住對孩子這樣問：「在賢啊，你為什麼要走過去那女生那邊？難道你喜歡那位女生嗎？」在充滿著玩笑意味的問題下，在賢卻無關緊要地回答：「媽媽，因為要趕快進行小組討論，但她的椅子被卡住了，所以我才走過去幫她的。」

我被在賢的回答嚇到了，原本以為這是個有目地的行為，沒想到孩子卻是以純真的心在照顧有困難的朋友，並先伸出援手。觀摩課程的期間，比起很專心在課程內容上、認真作筆記的態度，我反而對孩子率先幫助朋友的行為，感到非常欣慰。

當周遭的朋友遇到困難的時候，率先給予幫忙這就是體貼的照顧，通常不懂得照顧別人的人，是不會有任何朋友的，最後只會獨自一個人生活，但是社會並不是獨自一個人就能生活的，**讓孩子學會群體生活，我覺得是比什麼都更重要的事，這懂得關懷別人的心「體貼與關懷」，是必須讓孩子從小就學會的事。**

棉花冰淇淋

難易度	★★★☆☆
材　料	棉花、紙杯（或是冰淇淋紙盒）、湯匙、粉蠟筆、圖畫本、貼紙
適合年齡	5～8歲

| STEAM | 提升創客能力 |

SCIENCE
能理解棉花上粉蠟筆的變色過程。

MATHEMATICS
感受棉花的觸感後，在盒子裡放入棉花並瞭解體積的變化。

HOW TO

① 先將棉花撕開，並讓孩子摸一摸棉花的觸感。

② 用粉蠟筆在圖畫本上塗色後，用撕開的棉花去塗抹開來。

③ 讓孩子做出許多顏色的棉花吧！

④ 請準備冰淇淋紙盒，或是紙杯和湯匙。

⑤ 將染色過的棉花，放進杯子裡。

⑥ 棉花上面再貼上造型貼紙來裝飾。

⑦ 棉花冰淇淋玩具做好囉！

生日派對帽

難易度	★★★☆☆
材　　料	裝飾材料、免洗紙盤、剪刀、貼紙
適合年齡	3～7歲

| STEAM | 提升創客能力 |

TECHNOLOGY
利用免洗紙盤來製作帽子後，親自戴上的同時能夠理解，怎樣才不會從頭上掉下來的原理和認識平衡。

MATHEMATICS
藉由剪下紙盤相同的大小，理解分數的概念。在觀察剪下尖尖的免洗紙盤的模樣同時，能瞭解三角形的概念。

HOW TO

① 請準備好免洗紙盤。

② 用剪刀從紙盤正中心剪約 5～6等分，邊緣約留下10公分。

③ 請將步驟2剪出的免洗紙盤，折起來變成立著的三角形。

④ 用裝飾材料，裝飾三角形的頂端。

⑤ 讓孩子們貼上他們喜愛的貼紙裝飾。

⑥ 生日派對帽完成囉！

NOTE

裝飾材料可以買圓形或愛心形狀，依孩子喜歡的來購買，黏在三角形的頂端，讓孩子發揮不同的創意就能自製出屬於自己、獨一無二的生日帽。

原諒

選擇原諒嗎？
孩子臉上的傷痕

▲▼

某一天，托兒所打來一通電話。
孩子去到那才1小時左右就打電話來，肯定是發生什麼事了，
我非常擔心的拿起了話筒，原來孩子在學校和朋友玩的時候，
臉上受傷了……

▲▼

「阿姨，在勳和朋友在玩的時候，臉稍微被指甲劃
到了。我要帶他去皮膚科看看，真對不起。」

「什麼？皮膚科？傷的嚴重嗎？」

「指甲稍微劃過臉頰，因為不太放心，所以帶去給
皮膚科看一下會比較好。」

「好的，就那樣做吧。」

看看時鐘，距離孩子回到家還有1個小時，我怎麼
感覺時間會這麼漫長呢？

一看到從托兒所回來的孩子，臉上的傷很嚴
重……雖然小孩子們的皮膚復原能力很好，但是
在勳的傷口很深，醫生說有可能會留下疤痕，
想到這裡我就更加難過了。

「小勳你沒事嗎？」
「沒事。」

「不是和朋友打架吧？」

「不是啦，是玩的時候不小心用到的。」

「那還好，我幫你擦藥，朋友沒有受傷吧？」

「沒有。」

「幸好不是因為討厭朋友就故意打他或是抓傷，但是在玩的途中若讓朋友受傷了，就要互相跟對方說對不起。」

「嗯，朋友跟我說完對不起之後，還幫我臉頰呼呼呢！」

「是個很善良的朋友耶，對吧！看到小勳受傷，朋友也一定嚇到了，不可以討厭那朋友喔。」

「嗯，媽媽我們約好了明天還要一起玩。」

「好啊，一起玩的時候，要更小心喔！」

過了3年的今天，小勳有一邊的臉頰還是隱約留下那時受傷的痕跡。孩子的臉上有疤痕，哪有當媽的會不心痛？那時我還想打電話去給托兒所的老師，質問對方家裡的電話號碼，問她說小孩子的指甲怎麼可以都沒剪就來、怎麼可以玩的時候在孩子臉上留下這種傷痕之類……關於這類的話。

但是老師都先道歉了，而且對方也不是故意的，這個時候正是教孩子原諒的機會教育，看到連媽媽都選擇原諒的場景，小勳在旁邊也接受了對方的道歉並選擇原諒，這樣讓孩子間接地學習成長，孩子們不就是這樣長大，並學會一些做人處事的道理嗎？

法國麵包
火車

難 易 度	★★★★☆
材　　料	地瓜、美乃滋、聖女番茄、竹籤、花椰菜、雞蛋、火腿、鹽少許、法國麵包
適合年齡	3～7歲

| STEAM | 提升創客能力 |

ART
能感受到各種麵包的手感和味道。

MATHEMATICS
將法國麵包平分成許多塊，培養量感、理解分數的概念。

HOW TO

① 將地瓜和雞蛋川燙後壓碎、火腿切小塊備用。

② 在壓碎的材料內加入美乃滋，製作成沙拉泥。

③ 將法國麵包分成4等分。

④ 將法國麵包的內部挖空。

⑤ 將沙拉泥塞進挖空的法國麵包裡面。

⑥ 用竹籤插入聖女番茄後，再插入法國麵包旁邊當作輪子。

⑦ 噗噗～火車完成囉！

⑧ 用花椰菜製作煙囪，蒸汽火車來囉！

米飯甜甜圈

難易度	★★★★☆
材　料	放涼的飯、蔬菜、蛋液、鹽少許、甜甜圈機、湯匙
適合年齡	3～7歲

| STEAM | 提升創客能力 |

🧪 SCIENCE
放進甜甜圈機烘烤的同時，計算甜甜圈的數量。材料在烤熟的同時，能夠認識食物變熟的過程。

🎨 ART
摸摸看各種材料的時候，能認識各種東西的特徵。

HOW TO

① 請將蔬菜切丁、切段後備用（紅蘿蔔、高麗菜、蔥），也可加入玉米粒。

② 在切好的蔬菜裡打蛋，並加入放涼的飯。

③ 請將材料攪拌均勻，製成蔬菜糊。

④ 請用湯匙舀起拌好的蔬菜糊，並請孩子觀察看看。

⑤ 將蔬菜糊倒入甜甜圈機的上方。

⑥ 米飯甜甜圈完成囉！

⑦ 和孩子一起品嚐吧！

NOTE

這個料理是利用「甜甜圈機」來製作，可以在網路上輸入關鍵字「甜甜圈」即可購得。

鮮奶油
杯子蛋糕

難易度	★★★★☆
材　　料	透明杯、鮮奶油、水果、蜂蜜蛋糕
適合年齡	5〜8歲

HOW TO

① 請將蜂蜜蛋糕一片片的切下來。

② 杯子裡面放進切好的蜂蜜蛋糕後，擠上鮮奶油。

③ 請把水果放上去。

④ 再次將蜂蜜蛋糕放上去，再以鮮奶油、水果的順序擺上去。

⑤ 反覆幾次擺滿後，用鮮奶油塗在最上層就完成了。

無法忍受髒亂？
那就在浴室裡玩吧！

▲▽

許多書籍和電視節目，都會強調自製的「媽媽牌遊戲」很好，
但是很多人會說，跟孩子們玩要準備材料，那手藝不佳的話怎麼辦？
還有人會煩惱，常常把家裡玩得亂糟糟的該怎麼辦？
其實這些遊戲是希望媽媽和孩子一起動手做，就算做的不漂亮也沒關係。
如果怕弄得髒ㄅㄅ，不如就在浴室裡玩吧！

▲▽

　　「媽媽牌遊戲」是為了孩子而設計的，媽媽不見得
一定要做的很漂亮，讓媽媽和小孩一起合作做出這些教
具，能夠實行孩子們的表現能力，而媽媽只是在一旁幫
忙的協助者而已。千萬不要連試都不試，就說「我沒有
這手藝」或是「遊戲玩完之後家裡什麼時候要收拾？」
這類的話，這樣你只是一直在想做不到的理由。「媽媽
牌遊戲」最主要的功能，是與孩子一起度過思考的時
間，不是只有透過「遊戲」對孩子有幫助，陪伴著他一
起讀書、一起吃飯、一起對話，這些與孩子一起度過的
時間，都是很重要的。

　　每個媽媽陪伴孩子的方法都不太一樣，因為我們家
的孩子個性很木訥，所以在幼稚園都不太說話，屬於比
較文靜的個性，因此我才會藉由遊戲，自然地讓他們想
要說話。所以**我找到陪伴孩子的方法就是利用「媽媽
牌遊戲」**，但每個人想要陪伴孩子的方法、效果等全都不

「媽媽牌遊戲」最主要的功能，是與孩子一起度過思考的時間，不是只有透過「遊戲」對孩子有幫助，陪伴著他一起讀書、一起吃飯、一起對話，這些與孩子一起度過的時間，都是很重要的。

盡相同，這是沒有正確解答的，只是希望家長能重視陪伴孩子、關心孩子的成長過程而已。

「媽媽牌遊戲」在玩麵粉或是水彩遊戲時，孩子們一定會把家弄得都是玩樂的痕跡，有些媽媽會想說「應該不會髒到什麼程度吧」，但是孩子們往往會做出超過你腦中所想像的，然後事後在清理整理時，便不斷地嘆息說：「我為什麼要讓他們玩這個呢？希望不會再有下一次了。」

如果是因為這樣而煩惱的話，不如把場景換到浴室玩如何？這樣媽媽能方便清理，又能讓孩子們玩得更加盡興，對孩子來說學習效果更棒。同時孩子們玩完之後，就直接幫孩子洗澡又能清理浴室，實在是一石二鳥之計呀！遊戲不一定需要待在房間裡，也在浴室裡玩玩看吧！

製作蓮蓬頭

難 易 度	★☆☆☆☆
材　　料	紙杯、免洗碗、原子筆
適合年齡	6～8歲

HOW TO

① 準備紙杯或是稍微寬一點
的免洗碗。

② 準備好原子筆。

③ 用原子筆在紙杯的底部戳
幾個洞。

④ 第一次請戳出淺淺的洞試
試看。

⑤ 戳出淺淺的洞後裝水，讓
水流下來。

⑥ 稍微把洞戳大一點，倒入
水並觀察和剛剛有什麼不
一樣。

⑦ 試著戳出自己想要的洞洞
大小，就可以玩屬於自己
的蓮蓬頭遊戲。

塑膠瓶噴泉

難 易 度	★★★☆☆
材　　料	寶特瓶、吸管、釘子
適合年齡	5～8歲

---- | STEAM | 提升創客能力 |----------------------------------

🔧 **ENGINEERING**
　　利用吸管來改變水流的方向。

🔢 **MATHEMATICS**
　　依據吸管的曲線和直線、短或長等特性，來多樣化的活用，也可以試著插
　　入或拔出彼此的吸管。

HOW TO

1 準備好寶特瓶。

2 接著在寶特瓶中間的瓶身上，鑽出好幾個大小不同的孔洞。

3 準備多根吸管。

4 把吸管剪出長、短，及彎曲或是直線等不同造型。

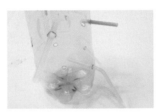

5 將吸管插入寶特瓶。

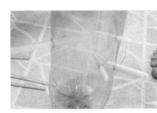

6 寶特瓶裡裝水後，請孩子觀察水流。

7 像桌遊的玩法一樣，相互拔出再插入來遊戲吧！

孩子的成長只有一次，
用心的陪伴吧！

最近媽媽們之間，為了將孩子培養的更加聰明，展開了補習爭霸戰。
送孩子去補習的年紀變得更小，那些孩子搭著媽媽的車，
帶著麵包當一餐，忙碌地從這個補習班趕到那個補習班……
一定要這樣生活才行嗎？這樣實在很可怕，
因為我沒辦法做到這樣所以更加害怕。

　　很多媽媽想要孩子把書念好，那麼去和班上考試第一名的同學見面，詢問他的讀書技巧應該最快吧？但顯然這不是什麼容易的事。許多孩子年紀相同的媽媽，會聚集在一起交換情報，說哪個補習班比較好、誰去補習考試進步了幾分等等……但是媽媽真正的情報力，應該是要去多瞭解孩子的內心吧？看懂孩子的心思，支持鼓勵的同時，配合孩子的速度和方向帶領他走向前方的路才是正確的。

　　在不切實際的慾望下帶領著孩子的話，媽媽或是孩子中有一個會跌倒的，若是要激發孩子的潛在能力，也要適時地等待孩子準備好了才行。請媽媽們配合孩子的速度和方向來帶領孩子，假如是一直配合著大人們的步伐，孩子自己判斷該要怎麼做的主導權會因此喪失。

多瞭解孩子的內心、看懂孩子的心思，鼓勵
他們、帶領他們走向未來的路吧！

　　陪伴孩子成長的時光很快就會消失了，因為孩子的成長只有一次，如果因為周圍其他人的想法，而隨意加諸壓力在孩子身上，那就太可憐了。若是你對孩子的成長有點疑惑、不知道孩子該如何走向前方，那就請你仔細地觀察孩子的速度，緊盯著孩子自發性動作的一切吧！

　　好好把握能陪伴孩子成長的這段時間，一分一秒都不要錯過，這才是媽媽要做的事！

家人氣球

難 易 度	★★★☆☆
材　　料	氣球、膠帶、色紙、眼睛貼紙、麥克筆
適合年齡	3～7歲

| STEAM | 提升創客能力 |

TECHNOLOGY
將氣球吹氣之後用膠帶固定在桌面上不讓它掉下來，瞭解到物品不會歪斜能站立的重心。

ART
請孩子畫家人的臉，讓他們突顯出家人的特徵。

HOW TO

① 請將氣球吹氣後，貼上眼睛貼紙。

② 請孩子用麥克筆塗在氣球上，並畫出家人的特徵。

③ 利用色紙，可以做出不同的表情特徵。

④ 將家族成員黏在桌子上。

⑤ 看著相互畫出的成員，並請孩子試著模仿出爸爸媽媽的角色。

寶石氣球

難 易 度	★★★☆☆
材　　料	糖果、巧克力、深色氣球、圖釘、色紙、膠水、全開圖畫紙、雙面膠
適合年齡	3～8歲

| STEAM | 提升創客能力 |

◉ TECHNOLOGY

讓孩子理解東西不是體積大就重，在氣球內放入各種孩子的零食且比較看看，搖一搖猜猜是什麼東西，可有助於培養想像力。

HOW TO

① 請準備好能夠放進氣球裡，孩子們喜歡的各種零食（糖果或是巧克力）。

② 在氣球裡放入糖果或是巧克力。

③ 請將氣球吹氣，但要準備深色氣球，因為氣球要是透明的話，會看到裡面的內容物。

④ 請準備兩張全開圖畫紙，貼在客廳的牆上。

⑤ 將色紙撕成一條條的，貼在紙上當樹幹。

⑥ 請在氣球上貼上雙面膠。

NOTE

年紀太小的孩子還不太懂得調節力道，請父母將小孩抱到氣球前面，拿著圖釘戳破即可。

⑦ 在全開圖畫紙的樹幹上，貼上氣球果實。

⑧ 和孩子們一起射圖釘到氣球上，刺破後即可取得零食！

PART 4

培育正確觀念，
讓孩子在世界
展翅翱翔吧！

協調

強迫帶來反效果，
主動學習才有效！

▲▼

因為周圍的人都說「彈鋼琴的同時，動作中的手指頭能夠刺激孩子的大腦」，
於是大兒子7歲的時候，我便送他去鋼琴補習班學鋼琴。
現在想起來，其實男孩子應該不是那麼喜歡樂器的吧？
那時候我也沒有多想，直接就送小孩去學鋼琴了。

▲▼

那時孩子在什麼都不知道的情況下，就被我牽著手
帶去補習，一開始還乖乖地去，過了約6個月左右開始
有點不一樣了。每次到了要去補習的時間，他就開始說
想睡覺、肚子餓，甚至還大哭起來。身為媽媽的我實在
有點混亂，總想著不是都很適應補習班了嗎？怎麼突然
又不喜歡去補習了？那麼就不要學了吧？但這樣目前所
學到的都放棄，不是很可惜嗎？

我牽起孩子的手，朝著補習班前進，在去補習的路
上看到壓抑著憤怒、鎮定慌張情緒的孩子，他在厭惡的
表情下硬被我拉著手去補習。我突然發現，送去鋼琴補
習班並不是孩子的意願，那是媽媽的意願，孩子只是照
著媽媽的計畫在做，「錯了！不該是這樣的！」當腦中
一浮現出這想法，我便停下要去鋼琴補習班的腳步，帶
著孩子回家了。

「在賢你這段期間很辛苦吧……那就先休息，想彈鋼琴的話隨時都可以跟媽媽說。」說完這番話後，我便緊緊抱住孩子。

就這樣過了2～3個月，那段期間我都沒有向孩子提到鋼琴，可是就在某一天，突然孩子說想要去鋼琴補習班，雖然很想知道孩子自己想去的理由，但我卻沒有問他。當我們再次來到鋼琴補習班，孩子感嘆地說：「媽媽，之前我半途而廢沒有學習，現在要多學一點才行……」在那之後，孩子每天都用愉快的心情，開始勤奮不懈地去學鋼琴。

那時我擔心孩子突然不去補習班，目前所學的東西都會忘記，這樣半途而廢實在很可惜。其實若是因為這樣，而**強迫逼孩子做不喜歡的事，那只是適得其反而已**，如果再持續讓孩子去補習班的話，對孩子來說，那段時間猶如到了地獄。

自從讓在賢休息後，他並沒有把前面所學的都給忘記，而是對往後自己所需要的、自己更喜歡的、自己想要的東西在做思考。似乎有了那段休息的時間，現在的他學起鋼琴反而很快樂呢！

簡易溫度計

難 易 度	★★★☆☆
材　　料	藥水瓶、紅色顏料、吸管、膠帶、黏土、熱水、冷水
適合年齡	6～8歲

│ STEAM │ 提升創客能力 │

▣ TECHNOLOGY
讓孩子瞭解溫度計的名稱和原理。

MATHEMATICS
在吸管上標出固定的間距,能夠比較溫度高低的數值。

HOW TO

① 請準備好紅色顏料水（將紅色顏料與水調合）。

② 在吸管上以固定間隔，用膠帶做出標示線。

③ 將紅色顏料水，倒入藥水瓶中。

④ 用黏土來固定吸管，但吸管不要碰到藥水瓶底部。

⑤ 浸泡藥水瓶的水，請以冷、熱交替使用，讓孩子測量溫度的變化。

NOTE

一定要將瓶口密封，不要讓空氣跑出來。

牛奶冰淇淋

難 易 度	★★★☆☆
材　　料	冰塊、牛奶、攪拌工具、兩個大小不同的碗
適合年齡	2～5歲

│ STEAM │ 提升創客能力 │

🖳 SCIENCE

能夠看到液態的牛奶在低溫時,透過攪拌會漸漸結凍變成冰淇淋的過程。

🧪 TECHNOLOGY

一邊做冰淇淋,一邊將溫度試著降到最低。

HOW TO

① 在大碗裡倒入冰塊。

② 將小碗放在上面。

③ 在小碗裡面倒入牛奶。

④ 用攪拌工具攪拌小碗裡的牛奶，一定要順著同一個方向攪拌。

⑤ 漸漸從碗的周圍，開始能看到牛奶結霜的過程。

⑥ 攪拌到攪拌工具拿起的時候，牛奶不會掉落就成功了。

⑦ 冰淇淋完成囉！

媽媽，
我考一百分呢！

▲▽

只要一到孩子期末考的日子，我的心就會快速地跳著。
不知道孩子會不會粗心失誤？失誤的話不知道會不會讓他意志消沉？
因為接二連三的擔心，在考試前我的內心比孩子更加緊張，
對著要去上學的孩子一再提醒，一定要再次檢查答案紙，
因為只要冷靜地再三確認，不管多多少少都能降低失誤吧？

▲▽

孩子在考完試回到家中，我會對孩子問那天考試的詳細情形，依據孩子所說的內容預測考試的難易度，就能知道考試的狀況。雖然孩子很有自信地說自己考得很好，但總是一定會有1～2題失誤的情況吧？幾天後，孩子告訴我考試的結果。

「媽媽！我國文、數學、英文都考滿分！社會很可惜，錯了一點只獲得部分分數。」
「真可惜！是怎樣的問題呢？」
「因為失誤，把分類分錯了。」
「喔……這樣呀？那要和媽媽再解一次那題嗎？」

假如孩子知道自己考試有小失誤，那媽媽必須帶著他一起確認那個失誤，重要的是為了不再犯下相同的錯

誤。接下來為了不再犯同樣的錯誤，與孩子一起修正錯誤、增強實力，並在一旁給予幫助的媽媽更加重要。

「同學們在計算分數的時候，說我的分數最高呢！」

「哇啊！做得真棒！辛苦囉！有和朋友說謝謝嗎？」

「為什麼要謝謝呢？」

「因為朋友稱讚你，所以要說謝謝才對啊！」

「喔～原來是這樣！」

在賢就讀小學時，總是拿第一名，但是比起守護第一名的位置，更重要的是要時常帶有謙虛的心，因為若從小就認為自己做得很好，就會因為太過自滿而疏於用功，最後反而會讓成績退步。考試考得好固然很棒，但是一定要帶著謙虛的心才行。

對大人來說，總是帶著謙虛的心、做好事，都不是件容易的事，若要孩子始終帶著謙虛的心，也是不太可能的。所以只要有機會，就一定要時時刻刻告訴孩子**「不要自滿，以謙虛的心把事情做好，才能成為一個真正成功的人。」**

湯匙娃娃

難 易 度	★★★☆☆
材 料	免洗湯匙、眼睛貼紙、毛線、剪刀、熱熔膠槍、裝飾材料
適合年齡	3～7歲

│ STEAM │ 提升創客能力 │

🎨 ART
孩子們利用湯匙娃娃來說出各式各樣的故事，能夠培養詞彙能力。

🔧 ENGINEERING
利用湯匙當臉，貼上其他裝飾來調整臉型的變化。

HOW TO

① 在免洗湯匙貼上眼睛貼紙來裝飾。

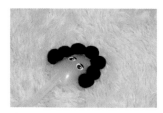

② 利用裝飾材料，裝飾出各種不同的髮型。

③ 髮型全都裝飾好了以後，請試著做出各種不同的表情吧！

④ 利用做好的湯匙娃娃，一同與孩子說故事、演話劇吧！

★ 結合繪本及繪畫創作，啟發孩子的創意思考！

每個孩子都喜歡聽故事、看故事書，若是能將故事繪本結合繪畫創作，更能大幅啟發孩子的創意思考力！市售的酷蠟石希望包，就是結合了繪本故事、小馬及人偶玩具、酷蠟石繪畫的三合一遊戲教具，不僅可讓孩子學習說演繪本故事，更能發揮創意讓想像力無限延伸！

CRAYON ROCKS／
酷蠟石希望包

色紙勺子

難 易 度	★★★★☆
材　　料	不同花樣的色紙、剪刀或刀片、膠水
適合年齡	3～6歲

┤ STEAM │ 提升創客能力 ├

SCIENCE
試著將色紙和色紙編織連結後，理解圖紋交叉製作的原理。

MATHEMATICS
根據圖案理解規則變化後，能製作出平面立體效果。

HOW TO

① 請準備好兩張色紙。

② 請將色紙中間部分（留下頭、尾不切斷），劃4～6刀。

③ 將其他色紙以寬5公分的長條狀剪好，先放一旁備用。

④ 在步驟2的色紙中間先抓出中心線，剪出三角形來做標記。

⑤ 將步驟3剪好的色紙，以交叉方式穿過步驟4的色紙。

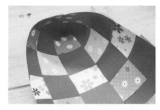

⑥ 色紙全部交叉完後，抓住尾端並拗成籃子的形狀。

⑦ 請拿起一張新的色紙，如圖中以三角形的方式折起來，做成手把的樣子。

⑧ 將步驟6、7黏起來，色紙勺子就完成囉！

平等

停止爭吵吧，
兄弟間的爭奪戰！

▲▽▲▽▲▽▲▽▲▽▲▽▲▽▲▽▲▽▲▽▲▽▲▽▲▽▲▽▲▽▲▽▲▽

當有了第二個孩子後，生活中變得更吵吵鬧鬧了，
孩子間會互相爭寵、吵鬧，每天都在吵吵鬧鬧的生活中度過，
不論是吃零食，都會吵著看誰的比較多，
就連誰要用哪個顏色的盤子都要搶……。
面對兄弟間的爭吵，我也想出了媽媽制衡的方法。

▲▽▲▽▲▽▲▽▲▽▲▽▲▽▲▽▲▽▲▽▲▽▲▽▲▽▲▽▲▽▲▽▲▽

　　首先拿出兩個盤子。
　　「在賢、在勳！我們來吃餅乾，在媽媽面前有兩個
盤子，我把盤子蓋住餅乾，現在大家來猜拳吧！」
　　「為什麼？」
　　「讓你們猜拳決定要吃右邊的？還是左邊的餅
乾？」
　　就這樣兩個孩子很謹慎的在思考著……
　　「在勳！我們來猜拳吧！」
　　「好啊！」
　　「剪刀石頭布！哥哥！因為哥哥贏了，所以哥哥先
選。」
　　「我選右邊。」
　　「那麼我左邊。」
　　媽媽把右手盤子裝的魷魚餅乾給了在賢，把左手盤
子的方型餅乾給了在勳。

198

「哥，我想要吃魷魚餅乾，你拿幾個魷魚餅乾和我換吧！」

「我比較喜歡方型餅乾，那我就拿魷魚餅乾和你的方型餅乾交換吧！」

「嗯……好啊！」

無止盡的餅乾戰爭就這樣和平的結束了，餅乾一直是孩子們最喜歡的零食，每次總為了爭奪餅乾而吵架的孩子們，藉由這樣將目標物放在孩子的面前，透過左手和右手機率各50%的遊戲，讓孩子們開心的笑了，最後竟然還提議相互交換想要吃的餅乾呢！

這與孩子們的出生順位無關，**媽媽們要平等的對待孩子，但是公平對待的方式並不容易，這也是媽媽們在心中一直要秉持的原則。**

手套孔雀

難 易 度	★★★☆☆
材　　料	免洗手套、吸管、紙杯、圓形裝飾材料、雙面膠、色紙、眼睛貼紙、剪刀
適合年齡	5～8歲

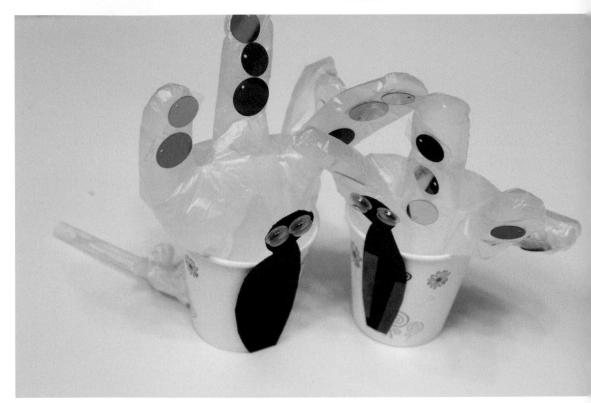

| STEAM | 提升創客能力 |

SCIENCE
在免洗手套裡吹氣，根據內部的壓力變化做出形狀。

ART
將各種顏色分別黏在免洗手套上，製作出孔雀的翅膀。

HOW TO

① 將紙杯、免洗手套、吸管
準備好備用。

② 在紙杯上，用原子筆戳一
個洞。

③ 將免洗手套塞進紙杯上的
洞裡，開口處的地方插入
吸管。

④ 免洗手套和吸管用膠帶固
定。

⑤ 吹氣時，讓免洗手套的手
指部分能好好伸展開來。

⑥ 在舒展開的手套，黏上圓
形的裝飾材料。

NOTE

步驟2用原子筆戳洞
時請特別小心，可由
媽媽協助此步驟。步
驟8吹氣時請輕輕吹
就好。

⑦ 在紙杯前面的部分，裝飾
上孔雀的身體和眼睛。

⑧ 呼呼～吹氣後來感受看看
孔雀翅膀展開的樣子吧！

201

飯匙鏡子

難易度	★★★★☆
材　料	飯匙、圓形安全鏡、裝飾材料、熱熔膠槍
適合年齡	4～8歲

| STEAM | 提升創客能力 |

🧪 **SCIENCE**
　　由於表面光滑的物體能夠反光，所以能夠知道周遭模樣受到反射的原理。

🔢 **MATHEMATICS**
　　在裝飾飯匙鏡子的時候，試著照著規則性來裝飾看看。

HOW TO

① 請準備好飯匙。

② 將圓形鏡子上的塑膠膜撕掉備用。

③ 用熱熔膠槍將鏡子黏在飯匙上。

④ 利用裝飾材料，裝飾鏡子邊緣和飯匙手把。

⑤ 一邊看鏡子，一邊確認自己的樣貌和表情吧！

公平

讚美貼紙育兒法，
你家也在使用嗎？

▲▼▲

孩子們都是在不同環境、不同的個性下誕生的，
要求孩子們跟別人一樣的學習法，或是用強迫的方式都不行，
要根據孩子們的性向補齊不足的部分，
媽媽的角色最重要的就是要能觀察到孩子的好奇心，並積極地給予幫助。

▲▼▲

　　許多家長會使用「讚美貼紙」的方式，這個在短時間內能夠改變孩子們的行為，很常在孩子幼兒時期使用，例如當孩子表現良好就給一張讚美貼紙，集滿幾個就可以換孩子想要的東西，或許這樣能夠強化孩子們的良好行為，但實行後要和孩子一起訂規則才行，孩子們親自和媽媽訂下規則的話，才會使他們更加積極參與。

　　但是「讚美貼紙」也是有反效果的，假如制定了高額的獎勵，媽媽的負擔也會變大，孩子對禮物也會變得汲汲營營，比起行為上的改變更注重在收集貼紙，這反而會本末倒置，所以比起高額的獎勵，媽媽也要建立能夠明智對應的獎勵。

　　在我們家不使用「讚美貼紙」，因為讓孩子自己設定獎勵目標，並無法確定到底是好是壞，而且搞不好孩

「讚美貼紙」並不是自發性的行為，孩子還有可能害怕拿不到貼紙，而擔心行為出錯或導致膽小不敢挑戰。

子會想要更昂貴的東西，這並不是自發性的動作，有時可能會因為「讚美貼紙」的關係，反而讓孩子擔心行為出錯，變得膽小不敢挑戰。

　　我是單純和孩子一起邊玩邊制定小小的目標，孩子們若能在近期內達成這個小目標，我就抱抱他們、親親他們，假如目標沒有完成則會好好的鼓勵他們。當然學校裡也會有同學炫耀，透過「讚美貼紙」獲得樂高、最新的智慧型手機、獸電戰隊模型，我家的孩子當然也會想要，但久而久之孩子會發現，**持續地達成小小目標的同時，媽媽的陪伴和那些獎勵，是更珍貴的事實。**

　　買給孩子一樣的玩具雖然可以稱之為公平，但育兒教養的方法每個家庭、每個人都不相同，請根據自己家庭的情況，做出對孩子最好的選擇。

植物掛飾

難 易 度	★★★☆☆
材　　料	植物、免洗紙盤、緞帶、熱熔膠槍、刀片
適合年齡	5～8歲

| STEAM | 提升創客能力 |

MATHEMATICS
試著利用植物，熟悉對稱概念的裝飾。

HOW TO

① 準備免洗紙盤備用。

② 用刀片將免洗紙盤的中間裁下。

③ 在免洗紙盤頂部黏上緞帶，使其能夠提起來。

④ 請將公園或道路上撿的植物，以對稱的方式黏上。

⑤ 植物掛飾完成囉！

NOTE

植物可以到公園裡撿地上掉落的樹葉來製作。

麵粉量杯

難易度	★★☆☆☆
材料	免洗優格杯、釘子、瓶蓋2個、麵粉、熱熔膠槍
適合年齡	4～8歲

| STEAM | 提升創客能力 |

ART
能夠感受到乾麵粉揚起的現象。

ENGINEERING
感受到麵粉從洞口傾瀉而下的感覺，將杯子裡塞滿麵粉後再倒出來，能做出立體形狀。

HOW TO

① 準備幾個免洗優格杯。

② 將優格杯的外包裝撕掉。

③ 在優格杯底部鑽數個洞。

④ 將2個瓶蓋，黏在優格杯上方作為把手。

⑤ 請孩子伸手摸麵粉，感受一下麵粉的觸感。

⑥ 在做好的麵粉量杯裡裝入麵粉後，於色紙上方灑上麵粉。

⑦ 撒上的麵粉，試著用手來畫畫吧！

⑧ 麵粉量杯裡裝入滿滿的麵粉後再倒出來，可試著做出各種形狀。

NOTE

使用麵粉時要開窗戶透氣，請勿在密閉的空間內，而且要遠離火源，以利安全。

和平

教導孩子，
自動收拾玩具吧！

不知道大家有沒有這種感覺……有孩子的家裡就像戰場一樣，
隨便亂丟的書、玩具車（輪子已經不見）丟得到處都是……
所有的玩具不在自己的位子上，
迷路的玩具們滾到客廳和房間、廚房、甚至還有廁所……

「媽媽，我想玩樂高。」

「書全看完了嗎？」

「漢字書5本全看完了，英文還沒有看完。」

「英文還沒看完啊，那麼你英文書看完的話就可以玩樂高囉。」

「好～」

孩子馬上進去有擺放英文書的房間，拿出5本後開始閱讀了起來。

「媽媽，有聽到聲音吧？我都唸完了，現在可以玩樂高了吧。」

「好啊！」

爽快的回答之後，我進去孩子剛才的書房，發現孩子唸完的英文書還開著放在桌上，他就快速地跑出去玩了。看著已經沉浸在樂高遊戲裡的孩子，我深深嘆了一口氣，自己把書闔上放回書櫃裡。

　　那天晚上，我打算要去睡覺的時候，走去客廳卻發現剛剛玩完的樂高，被分解的四處都是，還在地上滾來滾去。

　　「小勳，你出來一下。你這樣子媽媽要整理太累了，我們一起整理好嗎？」

　　「但我明天還要再玩耶？」

　　「樂高配件要是不見的話怎麼辦？如果有誰走過去不小心受傷了怎麼辦？」

　　孩子不得已走出來客廳和我一起整理，並緩緩地說道：「媽媽，對不起。」

　　媽媽也有很多事要做，而且通常要等孩子睡著才有整理的時間，常常因為疲憊的身體想說明天再整理好了，但又擔心明天一早起床的孩子們，踩到玩具會受傷。但是把家裡全都整理完後通常就半夜了，這樣一來媽媽明天又會更疲累，於是就這樣一直無限輪迴，丟玩具、收玩具，終於在不久後媽媽開始對亂丟玩具的孩子爆發了。

　　媽媽不是獨自一人什麼都做得到，媽媽也不需要都獨自完成，建議和孩子協議好後一起把小事分工做吧！從現在開始試著找回自己家裡的和平與祥和，祥和的定義是相互理解對方，在家人虛弱或是疲累的狀態下，要真心給予幫助。經過這樣的堅持努力，孩子就能夠培養自動收拾玩具的習慣，同時也能找回家裡的平靜祥和。

杯麵圓頂屋

難 易 度	★★★☆☆
材　　料	紙杯、泡麵碗、壓克力顏料、熱熔膠槍、剪刀
適合年齡	4～8歲

HOW TO

① 準備泡麵碗和紙杯。

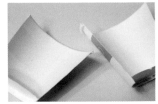

② 將紙杯縱向對切開。

③ 在泡麵碗上剪下能讓步驟2紙杯插進去的半月形。

④ 將對切的紙杯插進泡麵碗的半月形裡面。

⑤ 用熱熔膠槍將兩個固定起來，並且用壓克力顏料來著色。

⑥ 請以磚瓦的圖樣，繪製出圓頂屋。

⑦ 假如有企鵝娃娃的話，可以一起搭配，讓孩子們活用遊戲道具。

NOTE

壓克力顏料可以到美術用品店購買，一般書局或大型賣場也有販售。

奶粉蓋鈴鼓

難 易 度	★★★★☆
材　　料	奶粉蓋、鈴鐺、針、線、刀片、剪刀
適合年齡	2～5歲

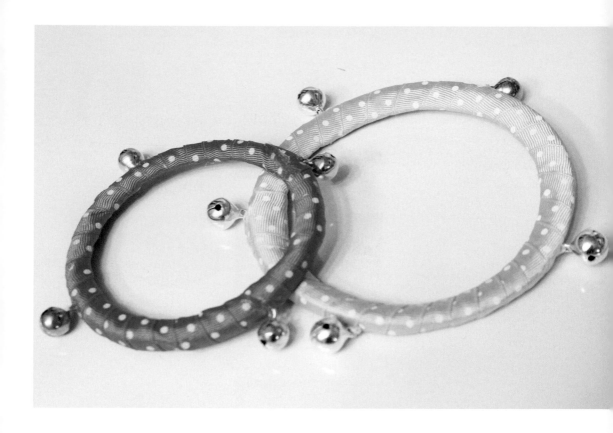

│ STEAM │ 提升創客能力 │

🔧 ENGINEERING
根據鈴鐺個數多寡，聲音差異會很明顯。製作出隨著鈴鐺個數不同的鈴鼓，並感受聲音大小的不同。

🎨 ART
搖晃鈴鼓的同時，讓孩子們配合節拍唱歌能熟悉節奏感。

HOW TO

① 準備好奶粉蓋。

② 用刀片將奶粉蓋裁成中空
的圓形。

③ 裁切下來的部分，請用緞
帶包起來。

④ 將線穿在奶粉蓋上後，在
外側掛上鈴鐺。

⑤ 叮噹叮噹的奶粉蓋鈴鼓，
就完成囉！

NOTE

步驟2裁切的過程請父母協助裁切，以免孩子裁切時發生
危險。

多樣性

用包容的心，
接納和我們不一樣的人！

家裡離百貨公司不遠，所以我常和孩子們用走路的過去當作運動。
某一天，有個外國人從對面走了過來，
大兒子看著外國人，突然害怕地躲到我的背後面……

「小賢呀……為什麼要躲起來呢？他又沒有靠近我們，幹嘛躲起來？」

「就那樣……就……」

當面對我們走來的外國人走過去的時候，孩子才緩緩地回答道：「好可怕喔……」

孩子是因為覺得外國人長的和我們不一樣，感到害怕才躲起來？

「你覺得他和我們哪裡不一樣？」

「頭髮的顏色黃黃的、眼睛也好大、身高也好高……」

「沒錯，他和我們的髮色不一樣、眼睛也很大、身高也很高，對吧？因為很高所以才覺得可怕嗎？可是就算和我們的樣子不一樣，他也是人呀！小賢也比你的朋友來得高，和其他朋友不一樣，假如他們害怕小賢，你會很傷心吧？所以啊，不可以因為長得不一樣，就害怕避開喔！」

「喔～原來如此。」

216

　　回到家後，我便和孩子一起閱讀多元文化的相關書籍，在那之後，我只要一有空就會唸各式各樣的國家文化給他們聽，然後過了幾個月，有針對多元文化的繪畫比賽，孩子問道：「是要畫在路上看到外國人就躲起來的孩子，和不怕外國人的孩子，他們一起玩的樣子嗎？」才幾個月的時間，我對孩子的想法變化感到非常吃驚！

　　孩子因為看到外國人和我們的長相不一樣，所以感到陌生害怕，為了要減少恐懼感就躲在媽媽的背後。孩子們看到和自己長得不一樣會驚嚇，做出和平時不一樣的舉動，比起教訓孩子前，更要先瞭解為什麼他們會有那種舉動，這也能讓解決問題的方法變得更加簡單。**理解孩子、鼓勵他們，孩子們就會產生令你意想不到的良好變化喔！**

古代官帽

難易度	★★★★☆
材　料	黑色絲襪2雙、衣架、壓克力顏料、釘子、毛筆、熱熔膠槍、杯麵碗、剪刀
適合年齡	4～8歲

┤ STEAM │ 提升創客能力 ├

ART
孩子或許會對官帽感到陌生，在製作之前可一起看看古代歷史、傳統服裝的書籍等，能對這有多一層的瞭解，也能對傳統社會生活更加詳細地認識。

MATHEMATICS
利用衣架做出各種形狀後，能熟悉形狀的概念。

HOW TO

① 將衣架拗成圓形。

② 準備小杯麵碗。

③ 用黑色的壓克力顏料將步
驟2著色。

④ 衣架的尾巴部分請用剪刀
剪掉。

⑤ 將黑色絲襪腳的部分剪下
之後，請套在拗成圓形的
衣架上。

⑥ 剩下的絲襪請綁在步驟5的
兩邊，變成官帽的繩帶。

⑦ 將步驟3的杯麵碗，黏貼在
步驟6的正中間。

⑧ 戴上做好的官帽後，來角
色扮演一下吧！

NOTE

此為韓國的官帽，也
可上網參考圖片，發
揮巧思，製成中國的
官帽喔！

國旗教具

難 易 度	★★★☆☆
材 料	濕紙巾蓋、國旗圖樣、色紙、膠水、剪刀、牛奶盒
適合年齡	3～8歲

---| STEAM | 提升創客能力 |---

ART
認識各國家的位置和首都、語言、特徵、歷史，以降低對於其他文化的偏見，並試著理解各個國家的文化。

MATHEMATICS
藉由記憶力遊戲測驗，來提升記憶力。

HOW TO

1 準備多個濕紙巾蓋。

2 列出各國家的國旗圖樣。

3 濕紙巾蓋裡面請貼上國旗的圖樣後，上面再蓋上一張色紙。

4 色紙上面寫上濕紙巾蓋裡的國旗國家名。

5 以上述的方式，做出每個國家各2個國旗教具。

6 將大牛奶盒直的對切後，做成保管箱。

7 蓋子的上面可以用色紙貼上「？」，來誘發孩子的好奇心。

8 一個個打開後，找出相同的國旗，來玩玩記憶力遊戲吧！

陽台植栽，
讓孩子接觸大自然！

我懷念我們那個年代，可以很自然地接觸到大自然，
現在的孩子要接觸到大自然反而不太容易……
不然來進行陽台植栽吧！雖然比看一本植物百科書籍花的時間更久，
但孩子能學習到、增長到的知識，絕對比看一本書所獲得的更多！

　　為了想讓孩子開始接觸大自然，我在空蕩蕩的陽台上開始培養植栽，雖然因為是住在1樓的關係，陽光照射不太到，即便如此還是開始打造了一小角的陽台植栽。打造陽台植栽對孩子來說，能夠親眼讓他們看到大自然，雖然孩子們藉由植物百科書也能看到大自然的樣貌，但最棒的還是能夠親自用雙眼去確認。

　　在我們那個年代，可以很自然的接觸到大自然，開心地摸著泥土，但是現今的小朋友卻不太有這種機會。雖然在家無法種植梨樹和蘋果樹，但可以種植其他的植物，例如：聖女番茄、辣椒、甜椒、紅蘿蔔、草莓、生菜等等，準備個大花盆倒滿土後，撒上種子、插上幼苗、澆水等……全部的過程都和孩子們一起完成吧！

　　在埋種子的過程裡，孩子們能夠親眼看到各種植物的種子大小不同以及模樣，而且在灑下的種子上長出

根莖和葉子，開花結果的過程全都能親眼看到。雖然書裡也是能看到這樣的內容，但是親自用眼睛觀察，植物的構造和成長過程更能深刻地停留在孩子的眼睛和腦海裡。除此之外，討厭生菜或是聖女番茄的孩子，在採收親自種植的果實後，開始會吃生菜葉、聖女番茄了，就能知道陽台植栽能帶領孩子們有著很大的變化。

當然，陽台植栽比起看完一本植物百科書所花的時間要來得更多，但是能在孩子的腦中停留更久，對孩子而言是種遊戲型的教育，在真誠下所培育的植栽，到結滿美味果實的期間，孩子們不僅玩了遊戲，也能更熟悉大自然的知識。

木片裝飾

難易度	★★★★☆
材　料	木片、熱熔膠槍、眼睛貼紙、筆
適合年齡	5～8歲

| STEAM | 提升創客能力 |

SCIENCE
仔細地觀察樹木紋路的特徵。

ENGINEERING
利用各種植物，試著裝飾出獨一無二的藝術品。

HOW TO

1 準備好各種形狀和大小的木片。

2 讓孩子們根據想像力，裝飾出各式各樣的模樣。

3 黏上眼睛裝飾貼紙。

4 些許不足的部分，還可以利用筆畫上。

5 發揮巧思，獨一無二的藝術品就完成囉！

NOTE

家長可以從公園裡撿樹幹，切下後即可得到木片。

自製澆水器

難 易 度	★★☆☆☆
材　　料	優格杯、有圖案造型的膠帶、冰棒棍、貼紙
適合年齡	3～7歲

-| STEAM | 提升創客能力 |-

🔧 **ENGINEERING**
　利用水杯的原理，試著做出澆水器。

📐 **MATHEMATICS**
　根據水桶大小，能夠體驗水的容量和重量。

HOW TO

1 優格杯洗淨好備用。

2 將優格杯的外包裝撕掉。

3 請將優格杯的上方黏上冰棒棍。

4 請再多準備一支冰棍棒，黏在上方。

5 冰棍棒用有圖案造型的膠帶纏繞起來。

6 讓孩子們用喜愛的貼紙在優格杯上，裝飾出自己想要的樣子。

7 澆水器完成囉！

8 和孩子們在陽台的花圃上澆水吧！

自製鑰匙圈

難易度	★★☆☆☆
材　料	木頭、橡皮筋、裝飾材料、眼睛貼紙、簽字筆、熱熔膠槍、吊飾繩子
適合年齡	3～8歲

│ STEAM │ 提升創客能力 │

🧪 **SCIENCE**
　能夠仔細地觀察樹木紋路的特徵。

🔧 **ENGINEERING**
　利用各種的自然物，打造出屬於自己的裝飾品。

HOW TO

① 在切下來的木片上方鑽個小洞。

② 貼上眼睛裝飾貼紙。

③ 利用裝飾材料或是木頭，打造出自己想要的樣子。

④ 請孩子用簽字筆，在上面畫出動物明顯的特徵。

⑤ 最後在鑽洞的地方，綁上吊飾繩子。

⑥ 烏龜、魚鑰匙圈完成囉！

NOTE

家長可以從公園裡撿樹幹，切下後即可得到木片。

正確的道德觀，
從小培養正義感和勇氣！

▲▽

這個世界並不是像孩子們一樣單純，會好好遵守道德規範和正義的社會。
當孩子發現大人做了一件錯誤的事，想極力糾正的時候，
我們卻常給予孩子「噓！小聲一點、不要多說」的方式來糾正孩子。
是不是感到很可笑呢？

▲▽

為了去超市買晚餐的食材，我牽著孩子的手，站在
公寓前的紅綠燈等待著。

「今天晚上吃什麼？」

「媽媽妳做義大利麵好嗎？因為早上時聽到朋友說
昨天吃了義大利麵，害我也想吃了。」

「是嗎？那要做奶油義大利麵？還是茄汁義大利麵
呢？」

「奶油義大利麵！」

在聊著晚餐菜單的時候，孩子突然大叫了起來。

「媽媽！！媽媽！！」

我看著孩子驚嚇的表情，問：

「怎麼了？」

「媽媽！！那位叔叔剛在紅燈的時候過馬路！」

我馬上看著孩子，並把手放在嘴唇上跟孩子說：
「噓！」

「怎麼了？明明就是那叔叔做錯啦！紅燈時不能過
馬路的啊，這樣會出事耶！」

　　沒錯，孩子說的話是百分之百正確，我常常告訴孩子說，要等綠燈亮的時候才可以過馬路，這樣教導的媽媽，應該要更大聲地說出那樣是不對的行為。不過卻擔心違規過馬路的人聽到孩子說的話，就對孩子說了「噓！」。由於孩子們很多時候是透過大人來觀察學習，應該要以模範行為來帶領小孩才是，我反而卻對孩子說「小聲一點！」比出這樣的姿勢讓我自己都不好意思。

　　在孩子們的道德觀發展階段，為了獲得獎勵並不想被處罰的時候會遵守規則，但經過這次的事件，孩子根據在正義的道德觀下，所做出的行為過程和結果來看，明顯大人在紅燈時過馬路是不對的行為。可是世界上，並不像是孩子們一樣單純、會好好遵守道德規範和正義的社會，而是成了看別人眼色的大染缸。

　　孩子的內心明明想著這不是正確的事，但若是媽媽反而跟他說「那個知道就好，不用說出來。」這麼說的話，那孩子會怎麼樣？要是其他的人，也說媽媽說的話沒有錯，雖然孩子一開始會想「不是這樣的吧？」，但久而久之反而會陷入「是這樣的嗎？」的苦惱之中。

　　即便有很多人這樣主張：不對的事情不管何時都是不對的，就算在自身處於危險的時候、或是遭受損害的時候，都要以對的事來行動。雖然要維護正義這件事很困難，但我覺得仍是必要的，為了從小培養孩子正義的觀念，周圍的人一定要時常努力不懈，首先必須先從身為媽媽的我開始反省。

孩子說的話是百分之百正確的，身為媽媽的我更應該要大聲地說出：「沒錯！那樣是不對的行為」。

鱷魚響板

難 易 度	★★★★☆
材 料	免洗塑膠盒、眼睛貼紙、綠色不織布、黃色不織布、瓶蓋、熱熔膠槍
適合年齡	6～8歲

| STEAM | 提升創客能力 |

✋ART

利用免洗塑膠盒的反作用力,能夠聽到瓶蓋互相撞擊所發出的聲音,調節強弱還能夠熟悉眼睛和手的協調性。

HOW TO

① 準備好免洗塑膠盒。

② 用不織布將免洗塑膠盒給包起來。

③ 剪一塊四邊形的不織布當作提環，並黏貼在塑膠盒的上方。

④ 將4個瓶蓋黏貼在塑膠盒的封口處裡面。

⑤ 貼上眼睛裝飾，再用不織布剪成牙齒等來貼上，裝飾出鱷魚的特徵。

⑥ 來聽聽看鱷魚響板的聲音吧！

NOTE

瓶蓋若有尖銳的地方請壓平，以避免孩子刺到手。

冰棒棍存錢筒

難 易 度	★★★☆☆
材　　料	牛奶盒、熱熔膠槍、色紙、冰棒棍、西卡紙、刀片
適合年齡	5～8歲

┤ STEAM │ 提升創客能力 ├

🧪 SCIENCE
認識零錢和鈔票的差異，隨著存錢筒裡的金額上升，來測量重量的變化，並試著比較看看輕與重。

🔢 MATHEMATICS
透過在屋頂上方黏貼冰棒棍的動作，能夠培養對於寬度的量感。

HOW TO

① 請準備幾個牛奶盒。

② 用熱熔膠槍，將牛奶盒開口處封起來。

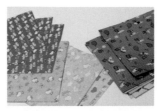

③ 請準備孩子喜歡的圖樣色紙。

④ 用色紙來包裝牛奶盒。

⑤ 用西卡紙黏貼在牛奶盒的上方，當作屋頂。

⑥ 用刀片鑽一個能夠投進零錢大小的洞，然後黏上冰棒棍。

⑦ 在投入零錢之前，先請孩子比較一下大小和重量後，再請試著確認刻在零錢上的圖樣。

NOTE

孩子也可以事先用彩色筆，在冰棒棍塗上喜愛的顏色。用刀片鑽洞時，可以請父母來協助。

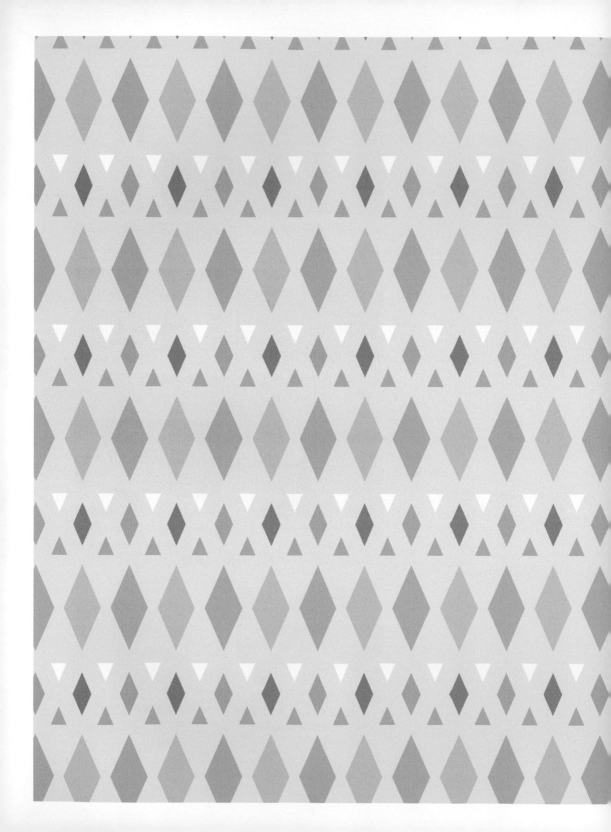

附錄

在家中，玩出親子語言互動力！

兒童語言開發師　柯佩岑老師

生活中學習，
學玩樂、學互動，
一起親子同樂吧！

家庭，是孩子的第一間學校。

父母，則是孩子的第一位老師。

打從寶貝哇哇落地開始，家，就成為孩子探索世界的出發點。

也正因為如此，家庭活動與親子遊戲，

更是引導孩子進入學習，開發潛能的最佳媒介。

親子共玩

　　遊戲，是最自然的互動，是不分年齡的情感催化劑。在寶貝成長學習過程中，要怎樣可以玩的有技巧、玩得更聰明呢？其實，在我們的身邊所接觸的各種環境，如：繪本、玩具、生活用品…等等，都可以拿來做為陪同孩子遊戲的素材。重要的是，在隨手可得的物品中，培養親子共玩的良好默契！

親子共學

　　隨著寶貝的成長與發展，聰明的爸爸媽媽可以發現，成長是有階段性的。在每一個階段，都會有其特定的發展關鍵。如果掌握這些年齡階段的關鍵發展能力，利用創意與愛，設計屬於自家寶貝的學習模式，一定可以讓親子之間的學習更加有效率！

親子共樂

　　許多新手爸媽針對家中寶貝的牙牙學語、肢體語言、聲音表情等「非口語」的表達，總是不知道如何回應，也只能努力去猜測，卻又擔心誤會意思。其實，有許多的親子互動遊戲是不需要語言的，可以透過肢體律動、動作模仿、創意藝術來表達想法與進行溝通的！

我們的寶貝是這樣長大的，像是樓梯一樣，一階接著一階！

寶貝在6〜12個月的關鍵能力

粗大動作：由爬行逐漸可以扶著走，並且丟擲物品。

精細動作：食物開始可以用拇指和食指拿食物。

語言溝通：理解「不可以」的指令，逐漸理解生活情境。

　　　　　喜歡發出各種聲音，並且會開口叫爸爸、媽媽的相似音。

社會互動：喜歡探索陌生環境，玩躲貓貓，可以回應大人叫他的名字。

寶貝在12〜21個月的關鍵能力

粗大動作：逐漸會想要放手走路，熟練之後會小跑步與扶著上下樓梯。

精細動作：逐漸可以疊積木(大約2〜3塊)，19〜21個月可以翻書本(一次翻2〜3頁)。

語言溝通：理解生活物品，可以指認80〜100個物品。可以正確使用詞彙命名(4〜15個)，特別是稱呼主要照顧者，並且認得5個以上的身體部位。

社會互動：想要擁有屬於自己的東西，並且逐漸會使用湯匙和杯子模仿大人行為。

寶貝在24個月的關鍵能力

粗大動作：可以自行上下樓梯。

精細動作：會翻書(一次可以翻一頁)，學習穿鞋子，脫襪子等生活自理能力。

語言溝通：可以直接使用短句(有二個以上的詞彙)，並且開始用代名詞

(你，我，他)。可以理解二個步驟的指令，並且表達「 yes/no」。

社會互動：很想要和他人一起玩，逐漸需要同伴陪伴。

寶貝在3歲的關鍵能力

粗大動作：學騎腳踏車，可以單腳站立。

精細動作：可以畫圈圈，會想要學習握筆和塗鴉，練習模仿畫圓形。

語言溝通：可以使用250個以上的詞彙，句子的表達逐漸完整，可以有前後、因果連結。逐漸會利用語言表達自身想法與感受，取代先前以肢體或是聲音表情互動的模式。

社會互動：學習輪流等待和分享玩具，並且可以知道朋友的名字。

寶貝在4歲的關鍵能力

粗大動作：單腳站立10秒鐘與單腳跳3下。

精細動作：可以拿剪刀剪直線。

語言溝通：可以利用句子表達想法，前後順序已經逐漸穩定。

社會互動：情緒和人際互動表現不穩定，需要大人或是同儕引導，逐漸出現自我認同的概念。

寶貝在5歲的關鍵能力

粗大動作：從4～5歲開始，可以更熟練地騎腳踏車。

精細動作：可以寫出自己姓名與數字1～5。

語言溝通：說話表達的邏輯性增加，也可以逐漸清楚自己表達的主題與重點。

社會互動：逐漸適應人際互動中分享與同理他人的經驗，建立自我認同與同理他人的概念。

互動主題先分類，
遊戲永遠玩不膩！

　　回想小時候的我們，在不同時期，喜歡的事物總有所不同，除了當下流行的潮流之外，還有一個重點，就是我們『感興趣』的主題。正也因為如此，孩子的興趣、可以負荷的學習主題，就成為爸爸媽媽們進行親子活動的重要關鍵。

　　隨著年齡的增加，爸爸媽媽們一定會發現，每一個階段都有不同的驚喜，也正因為如此，多變豐富的主題和互動方式，更是可以增加孩子對於學習的興趣與動機，更可以讓每一次的親子互動充滿期待。

　　在隨手可得的生活物品、繪本故事、樂器玩具…中，我們可以大致分為五大類，分別是『生活自理、認知學習、情緒管理、人際互動、自然觀察』。

TOPIC 1　生活自理

　　現在要邀請聰明的父母們想想看，在寶貝成長過程中，第一個重要任務是什麼呢？那就是『吃飽、穿暖、睡好，讓自己舒服的長大』，也因為如此，『生活自理』這個主題，也是可以在生活創意中實現的。舉凡食、衣、住、行、衛生等自我照顧的能力，都是可以學習的主題喔！

生活自理遊戲小技巧

🪔 扮家家酒

　　孩子來到一歲半左右，除了對於自己飲食類型開始有多種選擇之外，也開始觀察大人們到底在吃什麼？模仿起大人們用餐具吃東西，甚至學著媽媽炒菜，也把自己的小玩偶拿出來假裝在餵食牠們吃東西。

　　所以當孩子到了一歲半左右，參考一下發展的關鍵能力，我們就可以一起為孩子設計和「生活經驗」有關的遊戲，有可能是在超市一起買蔬果，也可以是假裝到餐廳點菜和享受寶貝最喜歡的食物…等。有了相關經驗的連結，可以在互動遊戲過程中，增加寶貝的語言詞彙量、情境理解能力，甚至可以讓孩子練習『媽咪，我要吃…』、『這是蘋果，好大好漂亮』的句型，練習表達自己看到的事物。

TOPIC 2　情緒管理

　　成長的腳步持續向前，寶貝們所接觸的、感受的、想要的、表達的再也不是只有簡單的生活情境了。當孩子來到了二歲半左右，逐漸產生自己的想法，有了情緒，也有了更多的環境觀察力和感受力。『情緒管理』的主題就可以加入親子遊戲中，舉凡單純的喜、怒、哀、樂情緒之外，較為複雜的情感如想念、擔心、恐懼、失望…等，都是可以在遊戲中呈現的。

呈現情緒、情感的媒介有許多種，但是，因為爸媽不確定孩子的語言表達到哪一個程度，所以我們可以採取「間接」的策略，也就是初期不需要以口語表達自身感受或情緒，可以透過藝術繪畫、音樂打擊、繪本故事、角色扮演…等方式進行。讓非口語的活動，帶領孩子一起感受激動、安定、快速和緩慢，也在著色塗鴉過程中，欣賞孩子盡情調色，揮灑自己的感受。最後，再一起收拾滿桌、滿地的物品，也一同收拾情緒和想法。

情緒管理遊戲小技巧

♟ 為孩子說故事

記得嗎？孩子第一次有了情緒的爆點是在何時？在何種情境下呢？身為爸媽的您，反應又是如何？相信很多家長給的答案都是『莫名其妙，搞不清處到底爆點在哪裡』？其實，孩子在面對自己情緒的當下，反應應該也是充滿了困惑和不解吧？所以情緒的理解、情緒的管理，是需要經驗累積的！當孩子經驗越多的時候，處理自身情緒(情感)問題的能力與速度，一定會更加有效率。

要如何讓孩子累積經驗呢？並非所有情緒和情感都會出現在我們的生活中。此時，「繪本故事」就扮演了重要的角色。當我們要建立，甚至消除孩子的某些情緒管理能力時候，請記住，我們要從『正向的情緒』開始。

也就是說，爸媽想要寶貝學習「不生氣」，所需要挑選的繪本，就要從『溫柔、有禮貌、了解他人』的主題開始，盡量不要「直接的」讓孩子感受『我們就是因為你太愛生氣，所以要你知道愛生氣的小孩會是怎樣』，這樣會造成孩子對於親子共讀、互動表達的反效果。為孩子說故事，重要的是希望孩子可以聽聽別人的經驗，再想想自己可以做的行為反應是什麼？鼓勵孩子進行思考，在故事之後，我有發現我的身邊也有這樣的情況嗎？如果是我，我會怎麼做呢？

TOPIC 3 人際互動

到了三歲半之後，孩子逐漸進入學習階段，也許是在幼兒園，也可能是在其他公共場合。開始有了與人互動、遊戲的需求和想法，也逐漸觀察到其他小朋友，想要找他們一起玩(也許只是靠近其他小朋友，或是一直看著別人玩)。

此時，聰明的爸爸媽媽，一定會知道，『人際互動』的主題，會成為親子遊戲的重要關鍵。人際互動可以包含，觀察、輪流、等待、分享、協助⋯等能力。同樣的，這些能力是需要經驗累積，隨著接觸的情境和環境轉換，增加孩子的經驗值與應變能力。

可是，在家庭環境理，可以練習人際互動的主題嗎？當然可以，我們一樣可以為孩子設計有關人際互動主題的親子遊戲。前提是，我們需要了解孩子在團體互動中，有可能出現的狀況。所以，此時爸媽對於孩子的互動模式，是需要花時間去觀察與理解的。

那就從『學會分享每日一事』開始吧！爸媽可以先從自身開始做起，不論在餐桌時光，睡前故事時間，爸媽要習慣跟孩子說說話，內容可以是今天公司發生的好笑事情，或是自己的心情。

不要擔心孩子聽不懂，相信當孩子習慣聽爸媽分享，他們的理解能力一定會提升，並且也學會跟您說說他們今天在學校發生的種種事件！這樣，我們就有了人際互動的主題故事了！

人際互動遊戲小技巧

📌 **角色扮演與故事創作**

　　由發展的關鍵能力來看，當寶貝在三歲之後，不論在肢體動作的控制能力，語言表達與互動能力上都達到一個比較成熟的階段，也因此，在親子遊戲的設計上，可以綜合多種不同素材，進行創作與延伸。

　　累積人際互動經驗，我們依然可以依靠繪本故事的幫忙，除此之外，搭配孩子自己的經驗，可以和孩子一起「演戲」。首先，先把共同創作故事「視覺化」，我們可以和孩子一起摺紙，做成一本小書，再利用畫圖的方式呈現故事人物、地點、時間、發生事件、行動和結果，也可以在最後加上自己的感覺和感受，親子共同完成「劇本」。接下來，邀請其他家人或是朋友，一起來個角色扮演吧！把孩子想說的、想做的，在戲劇的世界裡勇敢呈現，讓我們陪同孩子一起學習！

TOPIC 4　認知學習

●‧•●

　　認知的學習與概念形成，是長久並且廣大的，舉凡物品、顏色、形狀、數量、空間、數理、語文、科學…等，都是屬於認知概念。所以，從寶貝出生開始，就開始了認知能力的累積與建立。每個階段都有其認知概念需要學習，所以，觀察孩子、找到寶貝有興趣的事物，藉此引導寶貝有動機學習，是很重要的關鍵。

　　也因為認知的範疇廣大，爸爸媽媽也可以參考自己的專長和興趣，陪同孩子一起學習。如果爸爸的空間概

念比較強，參考發展關鍵能力，我們可以在三歲左右開始帶孩子玩積木，從空間與建構概念開始，讓孩子排列出美麗的小花，逐漸的，從平面進展到立體，開始建構小花園，再慢慢生成花園以外的人物或是地點，持續延伸。如果媽媽的手工藝很棒，可以從動手畫圖開始，漸漸和孩子一起創作立體摺紙，接著，可以延伸成為簡單的拼貼、創作自己的拼布包包。在製作過程中，聽聽孩子的表達和想法，您會發現，孩子真的不一樣了。當親子擁有自己的創作，共同話題和回憶，將會讓生活更加美好。

認知學習遊戲小技巧

📌 我是創作小達人

認知的概念寬廣，也較為抽象，在親子遊戲中，讓認知的呈現方式有很多種。通常寶貝在創作的過程中，爸媽最容易觀察到孩子現階段的認知成熟度。我們可以利用簡單的幾何圖形，在一張紙上畫上圓形、三角形或是正方形，鼓勵孩子想想看，圓形可以變成什麼？同樣的，三角形和正方形又可以組合成什麼呢？當孩子創作出物品之後，可以引導寶貝，『這個圓形變成的太陽會出現在哪裡？還有哪些好朋友嗎？』引導孩子進階往下延伸，創作出來的畫面一定是很豐富。

接下來，就可以一起說說故事了！搭配色紙或是貼紙的小小裝飾，想想看，是不是很符合現在的節慶主題呢？(可以在特定節慶中使用)。別忘了在最後，告訴孩子『你好棒，越來越有想像力和創意了，下一回，我們可以一起挑戰什麼呢？』鼓勵孩子思考，並且試著規畫下一次的內容，練習繪畫能力與邏輯力。

TOPIC **5**

自然觀察

隨著科技時代的進步，寶貝們接觸電子產品的機會越來越多，時間也越來越長。相反的，對於自然環境的觀察與周遭情境的變化，在反應力和應變能力上，的確有所影響。似乎對於大自然，對於人際關係和自我感受，越來越不同了…。因此，『自然觀察』能力，也就更顯得重要。包含環境適應、情境觀察、氣氛感受、同理他人、自然環保、自我認同…等，都是屬於自然觀察的能力。

這時候爸爸媽媽要苦惱了，究竟要怎樣把自然觀察的主題放在親子互動中？又或者，面對自然觀察能力這樣寬廣的概念，要怎樣找出主題和重點？其實很簡單，就從生活做起。我們依據發展關鍵能力，從寶貝可以獨立坐著開始，就可以帶他們接近大自然，看看不同環境，聽聽不同聲音，感受一下微風吹拂(不再是電風扇或冷氣)，陽光曬到皮膚(不再是只有燈光)的感受，望向遠方，讓孩子的感官有更多豐富體驗。

接下來，孩子認知逐漸成熟，三歲開始的動作發展，就可以一起做做資源分類與回收，讀一讀環保議題的繪本，讓孩子認識我們的世界與地球。等待孩子逐漸成長，進入學校，就會有更多機會體驗自然觀察的主題了。這時候，爸媽也可以多多聆聽孩子在人際互動、學校環境中觀察到什麼？發生什麼事？了解寶貝們的種種經驗，適度的給予協助和引導，同時也給予更多的鼓勵和認同！

自然觀察 親子遊戲小技巧

🌷 我們來當小偵探

　　寶貝哇哇落地開始，雖然不會言語，卻能利用聲音、表情、聽覺、觸覺和肢體動作和世界溝通互動，因此，『感官經驗』的開發是很重要的。特別在科技產品充斥的現代，我們更應該要善用天生的感官能力，不論是視覺、聽覺、嗅覺、味覺、觸覺，都可以透過親子遊戲做訓練。當我們可以善用感官之後，對於自然，對於人際，對於環境的同理與尊重，就會因此而提升。

　　在寶貝三歲之後，爸爸媽媽們可以設計各種『找找看，這裡有什麼？』『找找看，有什麼變得不一樣？』從生活情境中的實際物品找尋開始，延伸到在地圖或是繪本中找到不一樣、相同的東西。除了視覺的訓練之外，也可以設計『聞聞看，這是什麼？』『摸摸看，這是什麼？』『想想看，小朋友的表情是發生什麼事？』…等和嗅覺、觸覺、觀察力有關的活動。從小開始開發感官，相信一定可以讓孩子更加快速地感受到，『我的爸爸媽媽真的很愛我』！

親子互動遊戲——
考考父母的創造力，
也看看孩子的表達力！

小寶是一位即將邁入四歲的小男生，最喜歡的東西就是車子了，
只要和車子有關的玩具和繪本，都可以吸引他的目光。
最近幼兒園開學多了音樂律動課程，
老師帶著全班一起嘗試各種樂器的演奏。
小寶雖然喜歡哼哼唱唱，但是似乎有點跟不上節奏律動的速度，
手眼協調好像有點讓他感到困擾。
接獲老師關心留言的小寶爸媽，決定要在親子互動中加入可以練習
手眼協調和音樂節奏的遊戲。
參考發展關鍵能力的表格，爸媽發現小孩除了可以著色畫圖之外，
也可以慢滿學習使用剪刀了。
因此，因應小寶的喜愛，設計了『七彩ㄅㄨㄅㄨ大探險』的遊戲。

HOW TO

① 爸媽畫出各種類型的小汽車，並且搭配律音鐘的顏色和注音
符號，和寶貝一起塗上顏色。

❷ 拿起剪刀把小汽車剪下來，剪下來的輪廓也可以拿來玩拼圖，訓練視覺配對。

❸ 將剪好的小汽車卡片和律音鐘一起配對，除了認識音符和顏色的配對外，也可以和各種小汽車一同遊戲。

❹ 最後再一起寫下屬於親子之間的小日記作為美好的結尾。

收服0～3歲寶寶的五感遊戲

讓崩潰媽變身優雅媽！
90種孩子玩得開心、玩不膩的潛能開發遊戲

★★★★★超人氣育兒部落客X育兒專科醫生聯手出擊！
3分鐘完成！激發孩子五感發育！
如果孩子能自己玩久一點，讓媽媽休息一下有多好？
每天處於育兒崩潰狀態的你，是時候該優雅大變身了！
只要3分鐘，利用家裡現有的材料，
就能做出超簡單又能激發腦力的親子遊戲！

韓國人氣親子部落客 安善美 ── 著

美味營養的手作親子壽司捲

捏捲切就完成！和孩子一起做野餐點心×造型便當

★★★★★日本亞馬遜書店讀者五星好評！
親子一起做料理，培養孩子的想像力、專注力，
讓挑食的孩子邊做邊玩，愛上吃蔬菜！
33道親子手作美味餐，4歲以上孩子就能和媽媽一起完成！

日本造型壽司捲大師 若生久美子 ── 著

手作營養親子常備料理

120道壽司飯捲。三明治點心。輕食特餐，
天天都是野餐好日子

小潔媽咪延續製作寶寶副食譜的精神，
設計120道色香味俱全、簡單快速的手作親子點心。
壽司、飯糰、手捲、披薩、三明治、沙拉、肉餅肉丸、清爽飲品，
不須大火快炒、只要電鍋、烤箱、平底鍋，5分鐘輕鬆完成！
不論是外出野餐、露營野炊或帶便當都適用！

超人氣部落客 小潔 ── 著

溫暖大人&孩子的50道幸福料理

公開3000萬人氣食尚部落客的幸福餐桌

超過3000萬的粉絲引頸期盼！韓國YES24書店，讀者五星好評推薦！
韓國千萬人氣料理部落客-歡歡仙子，
溫暖了所有料理新手媽媽的心，滿足了孩子善變的胃口！

韓國千萬人氣部落客 郭仁阿（歡歡仙子）── 著

Orange Baby 07

玩出孩子大能力－暢銷增訂版

作者：金姝延

出版發行

橙實文化有限公司 CHENG SHI Publishing Co., Ltd
客服專線／（03）381-1618

作者	金姝延	
總編輯	于筱芬	CAROL YU, Editor-in-Chief
副總編輯	吳瓊寧	JOY WU, Deputy Editor-in-Chief
行銷主任	陳佳惠	IRIS CHEN, Marketing Manager

美術編輯	張哲榮、亞樂設計
封面設計	張哲榮、亞樂設計
製版／印刷／裝訂	皇甫彩藝印刷股份有限公司
贊助廠商	makedo

編輯中心

桃園市大園區領航北路四段382-5號2樓
2F., No.382-5, Sec. 4, Linghang N. Rd., Dayuan Dist., Taoyuan City 337, Taiwan (R.O.C.)
TEL／（886）3-381-1618　FAX／（886）3-381-1620
Mail：Orangestylish@gmail.com
粉絲團 https://www.facebook.com/OrangeStylish/

全球總經銷

聯合發行股份有限公司
ADD／新北市新店區寶橋路235巷6弄6號2樓
TEL／（886）2-2917-8022　FAX／（886）2-2915-8614
出版日期／2018年11月
版次／二版一刷

請 貼 郵 票

橙實文化有限公司
CHENG -SHI Publishing Co., Ltd

33743 桃園市大園區領航北路四段 382-5 號 2 樓

讀者服務專線：(03) 381-1618

請沿虛線剪下寄回

2～9歲五感潛能開發遊戲書

玩出孩子大能力

暢銷增訂版

吸管、免洗杯、牛奶盒，
簡單材料就能做出
74個親子創意遊戲！

Orange Baby系列 讀者回函

書系：Orange Baby 07
書名：玩出孩子大能力 ─ 暢銷增訂版

讀者資料（讀者資料僅供出版社建檔及寄送書訊使用）

- 姓名：_____
- 性別：□男　　□女
- 出生：民國 _____ 年 _____ 月 _____ 日
- 學歷：□大學以上　□大學　□專科　□高中（職）　□國中　□國小
- 電話：_____
- 地址：_____
- E-mail：_____
- 您購買本書的方式：□博客來　□金石堂（含金石堂網路書店）□誠品
  □其他 _____（請填寫書店名稱）
- 您對本書有哪些建議？_____
- 您希望看到哪些親子育兒部落客或名人出書？_____
- 您希望看到哪些題材的書籍？_____
- 為保障個資法，您的電子信箱是否願意收到橙實文化出版資訊及抽獎資訊？
  □願意　　□不願意

買書抽大獎

澳洲美度扣 makedo
DIY引導創意玩具屋 **6**個

- **活動日期**：即日起至2018年12月20日
- **中獎公布**：2018年12月25日於橙實文化FB粉絲團公告中獎名單，請中獎人主動私訊收件資料，若資料有誤則視同放棄。
- **抽獎資格**：購買本書並填妥讀者回函，郵寄到公司；或拍照MAIL到信箱。並於FB粉絲團按讚及參加粉絲團新書相關活動。
- **注意事項**：中獎者必須自付運費，詳細抽獎注意事項公布於橙實文化FB粉絲團，橙實文化保留更動此次活動內容的權限。

感謝 makedo 贊助
http://makedo.com.tw/

橙實文化FB粉絲團：https://www.facebook.com/OrangeStylish/

黏貼處